宁波市政府与中国社会科学院战略合作共建研究中心2012年课题(NZKT201213)

伦理视角下的低碳城市及其建设路径研究

——以宁波为例

王志新 郑 娟 等著

ZHEJIANG UNIVERSITY PRESS
浙江大学出版社

目　　录

第一章　低碳城市建设的伦理学基础

自19世纪末以来，由于经济和科学技术的高速发展，使人类物质财富和精神财富有了极大的增长；但与工业经济腾飞相伴而来的是严重的环境危机和生态恶化，使人类的生存与发展受到威胁。20世纪60年代《寂静的春天》一书问世，全球开始注重生态环境的治理，人类一直在努力探索如何解决生态危机。低碳城市建设的提出，为人类提供了处理生态问题的一条新出路。低碳城市绝不仅仅是一种应对全球变暖的应急之策，或一种新的城市建设模式，它也是人类价值观、伦理观、审美观和消费观的一次深刻变革。因此，以低碳伦理理念为引导，探讨低碳城市建设的人文路径，为低碳城市建设提供价值导向和道德支撑，具有重要的理论价值和实践意义。

第一节　低碳城市建设的兴起

人类生产和生活造成的能源安全和全球变暖问题引起了全球的广泛关注，从利用更少的环境资源消耗，产生更少的环境污染，到提倡减少碳排放的生产生活方式和治理模式，低碳的理念在生产发展和社会发展的各个层面迅速地推广。城市作为地区经济发展和社会发展的核心单元，必将以自然资源开发和利用为支撑，成为碳排放的集中地。因此，在发展低碳经济战略中,发展低碳城市成为重中之重。从2007年开始,低碳城市建设成为低碳发展的新兴领域,世界各国对低碳城市建设进行了有益的理论研究和实践探索,也遇到了很多问题。

一、低碳城市的战略选择

低碳城市是在应对全球气候变化的大背景下提出的。近些年,科学界以及各国政府已基本达成一致意见,那就是气候正在发生变化,人类活动导致地球大气层中的温室气体(尤其是二氧化碳)不断增多,碳排放是影响全球气候增温的主要因数。在此背景下,旨在降低人类活动造成碳排放的"低碳"发展模式在世界范围内得到普遍认同,并成为新时期人类发展的目标。

1. 气候变暖与全球碳减排行动

根据20世纪以来已有的气象仪器的观测记录,近百年(1906—2005年)气候变暖的速度大约为0.74℃/100 a(范围 :0.56～0.92℃/100 a),尤以近50年变暖明显,线性趋势是0.13℃/10 a(范围:0.10～0.16℃/10 a)①。进入80年代以后,全球气温明显上升,据世界气象组织的调查显示,1998年至2007年是有记载以来最暖和的十年。全球气候的变化给人类及生态系统带来了严重的负面影响,如极端天气、冰川消融、永久冻土层融化、海平面上升、生态系统改变、旱涝灾害增加等。80年代以来,气候变暖问题日益成为全球关注的焦点问题。

造成全球气候变化的主要原因是什么?目前人们比较认同的观点是:人为来源的温室气体排放是当前观测到的全球气候变化现象最主要的驱动因素。大气中的水蒸气、二氧化碳和其他微量气体,如甲烷、臭氧、氟利昂等,可以使太阳的短波辐射几乎无衰减地通过,但却可以吸收地球的长波辐射。因此,这类气体有类似温室的效应,被称为"温室气体"。温室气体吸收长波辐射并再反射回地球,从而减少向外层空间的能量净排放,大气层和地球表面将变得热起来,这就是"温室效应"。人类在近一个世纪以来大量使用矿物燃料,排放大量的温室气体。自1850

① Solomon S,Qin D,Manning M,et al. Climate Change 2007:The Physical Science Basis. IPCC WG1 AR4 Report,Cambridge:Cambridge University Press,2007:996.

年开始，温室气体（主要是CO_2、CH_4、N_2O）的排放量急剧增大。[①] 大气中CO_2含量从280ppm增加到380ppm，增加了35%；CH_4含量从1850年到1990年增加了142.2%；N_2O从1850年的270ppm增加到2005年的319ppm，上升了18%（见图1-1）。

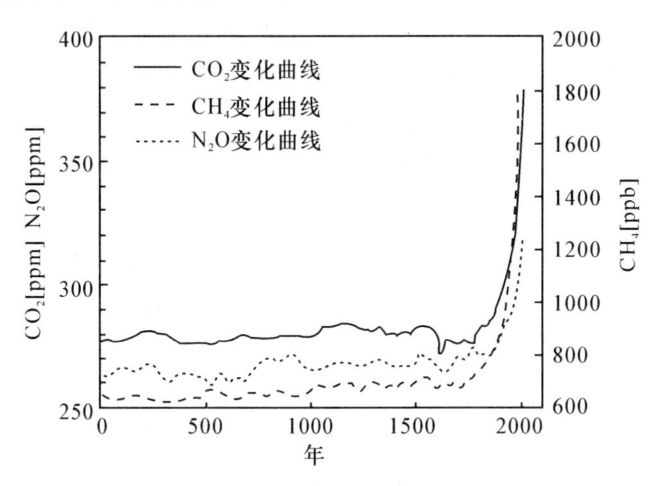

图1-1　全球大气中温室气体含量变化曲线

大气中的二氧化碳浓度已经到了危险水平，控制大气中二氧化碳浓度成为人类社会刻不容缓的事情。只有到2050年将大气中二氧化碳浓度增幅控制在工业化前水平的2倍以内，才可能避免发生极端的气候变化。[②] 温室气体减排是目前最重要的气候变化减缓举措，也是国际社会最广泛认同的气候变化减缓行动。为了应对全球气候变化所带来的影响，世界各国都在积极寻求应对全球气候变化的有效措施，围绕碳排放问题分别举行了几次具有重要影响的气候变化会议。

第一次关于全球气候变化的重要会议是1992年6月4日在巴西里约热内卢举行的联合国环境发展大会。会议最重要的结果是达成《联合国气候变化框架公约》（United Nations Framework Convention on Climate Change，UNFCCC），这是世界上第一个为全面控制二氧化碳等温室气体排放，以应对全球气候变化给人类经济和社会带来不利影响的国

① di Norcia. V Global Warming is Man-made：Key Points in the International Panel on Climate Change 2007 Report. 2008.

② 邢继俊等：《中国要大力发展低碳经济》，《中国科技论坛》2007年第10期。

际公约,也是国际社会在对付全球气候变化问题上进行国际合作的一个基本框架。公约对发达国家和发展中国家规定的义务以及履行义务的程序有所区别。公约要求发达国家作为温室气体的排放大户,采取具体措施限制温室气体的排放,并向发展中国家提供资金以支付他们履行公约义务所需的费用。而发展中国家只承担提供温室气体源与温室气体汇[①]的国家清单的义务,制定并执行含有关于温室气体源与汇方面措施的方案,不承担有法律约束力的限控义务。公约建立了一个向发展中国家提供资金和技术,使其能够履行公约义务的资金机制。

第二次关于全球气候变化的重要会议是1997年在日本京都召开的联合国气候变化框架公约第3次缔约方大会。这次会议共有149个国家和地区的代表参加,并通过了《京都议定书》,它规定从2008年到2012年期间,主要工业发达国家的温室气体排放量要在1990年的基础上平均减少5.2%,其中欧盟将6种温室气体的排放削减8%,美国削减7%,日本削减6%。这次会议首次对温室气体的减排作出量化的规定,迈出了具有实质性的一步,对抑制全球气候变化具有积极而重要的意义。

第三次关于全球气候变化的重要会议是2007年在印度尼西亚巴厘岛举行的联合国气候变化框架公约第13次缔约方大会。这次会议着重讨论"后京都"问题并通过了"巴厘岛路线图",启动了加强《公约》和《京都议定书》全面实施的谈判进程,致力于在2009年年底前完成《京都议定书》第一承诺期2012年到期后全球应对气候变化新安排的谈判并签署有关协议。

第四次关于全球气候变化的重要会议是2009年在丹麦哥本哈根举行的联合国气候变化框架公约第15次缔约方会议。共有192个国家的领导人、环境部长和其他官员参加了这次会议,共同商讨《京都议定书》第一承诺期到期后的后续方案,并就未来应对气候变化的全球行动签署新的协议。这个协议被人们认为是继《京都议定书》后又一具有划时代意义的全球气候协议书,对地球今后的气候变化走向将产生决定性的影响,被喻为"拯救人类的最后一次机会"的会议。

---

① 在《联合国气候变化框架公约》中,所谓温室气体的源,简单地讲,就是指温室气体向大气排放的过程或活动;而温室气体的汇是指温室气体从大气中清除的过程、活动或机制。

2. 建设低碳城市是新时期城市发展的必然选择

城市是一个以人为主体、以空间利用和自然环境利用为特征、以集聚经济效益和社会效益为目的，集约人口、经济、科学、技术和文化的空间地域大系统。从最终使用的角度看，人为碳排放的来源可以分为产业、居民生活和交通三个主要的组成部分，[①]主要来自火力发电、交通运输、煅烧水泥、冶炼金属、取暖做饭等方面，都和城市有着密切的联系。城市作为世界人口的生产和生活中心，是人口、建筑、交通、工业、物流的集中地，成为能源的主要消耗者和温室气体的主要排放者。

随着城市化进程的加速，城市（特别是处于发展过程中的生产型城市）的发展模式和发展轨迹成为全球低碳发展的关注焦点。目前，二氧化碳排放据统计，全球大城市消耗的能源占全球的 75%，温室气体排放量占世界的 80%。根据国外的一些资料统计，由建筑物排放的二氧化碳约占 39%，交通工具排放的二氧化碳约占 33%，工业排放的二氧化碳约占 25%。英国 80%的化学燃料是由建筑和交通消耗的，城市是最大的二氧化碳排放者[②]。为了应对全球气候变化，学术界、国际组织和各级政府于 2007 年开始关注“低碳城市”的概念。建设低碳城市是减少碳排放的一个有效途径，目前世界上许多大城市开始实践低碳经济理念，以建设和发展低碳城市为荣。

3. 建设低碳城市是中国城市发展的新机遇

近年来我国经济增长迅速，温室气体排放总量已跃居世界前列。经济的高速发展和资源生产率的低下导致我国资源和能源消耗巨大，能源消耗在世界范围内的比重持续走高。随着经济的飞速发展、人口数量的增多，城市规模越来越大，已经进入城市化加速发展的时期，每年近千万人从农村转移到城市将导致城市能源消耗总量不断增加。中国城市与发达国家相比，城市住宅能耗高 3.5 倍，每平方米建筑用钢 55 千克，比发达国家平均高出 20%。中国机动车保有量也快速增加，截至 2012 年 6 月底达 2.33 亿辆。我国经济发展与资源环境约束的矛盾已经越发突出，

---

① 顾朝林、谭纵波、刘宛等：《气候变化、碳排放与低碳城市规划研究进展》，《城市规划学刊》2009 年第 3 期。

② 顾朝林、潭纵波、刘宛等：《低碳城市规划：寻求低碳化发展》，《建设科技》2009 年第 15 期。

如果继续保持目前的资源消耗率和污染排放水平，将对环境造成无法挽回的损害，威胁国家的长治久安和稳定发展。

快速城市化和工业化的进程对中国的发展提出了严峻挑战，低碳城市为我国城市建设发挥后发优势提供了可能。根据中国城市竞争力研究会2007年公布的城市竞争力评价指标体系，城市环境建设和可持续发展均作为重要的竞争力指标，也是城市社会发展的指标。低碳产业以及相关的环保产业不仅提供了这样的产业选择，而且提供了大量的地区性就业机会。中国的发展必须摒弃发达国家工业化初期普遍采用的高耗、高污染、低效率的发展模式，走出一条既有利于经济社会进步又环保的低碳发展模式。尽早面对减排压力，调整城市治理模式，通过调整产业结构、严格执行环保监控、提升城市居民理念，实现跨越式发展，提升我国城市竞争力和国际影响力。

我国作为发展中国家，还没有受到国际上强制减排的要求。但是面对日益清晰的全球气候变化威胁，全人类在控制温室气体排放、减缓和应对气候变化领域已经形成了广泛的共识，国际社会对我国温室气体强制减排的呼声也越来越高。面对压力，我国一方面在国内通过推行节能减排、清洁生产、循环经济、低碳城市构建等行动，积极探索低碳发展之路；另一方面也在国际舞台逐渐展现出积极姿态。我国大多数城市处于快速发展阶段，城市类别繁多、特点各异，我国低碳城市建设的实践和理论都将为世界低碳城市建设提供宝贵的经验材料。

二、低碳城市的概念和内涵

城市是人口及经济活动的集中区域，在运行过程中消耗了大量的资源能源，排放了大量的温室气体，是碳减排的重要区域和研究对象，低碳城市成为全世界的研究焦点。国内外学者对低碳城市的概念和理论内涵进行了积极而有益的探索，各国政府也从本国实际出发，对低碳城市的构建进行着有益的尝试。

1. 低碳城市建设的兴起

面对新阶段、新情况，在新的发展理念指导下，各国政府纷纷调整发展战略，发展低碳城市。英国是低碳城市规划和实践的先行者。2003年，英国政府发布能源白皮书——《我们能源的未来：创建低碳经济》，首次明确提出发展“低碳经济”。在白皮书中，明确提出了2010年CO_2排放量要在1990年水平上减少20%，到2050年减少60%，到时从根本上把英国变成一个低碳经济的国家。为了推动英国尽快向低碳经济转型，英国政府成立了碳信托基金会(Carbon Trust)，碳信托基金会与能源节约基金会(EST)联合推动了英国的低碳城市项目(Low Carbon Cities Programme，LCCP)。首批三个示范城市(布里斯托、利兹、曼彻斯特)在LCCP提供的专家和技术支持下制定了全市范围的低碳城市规划。

2004年日本政府与学者开始对低碳社会模式与途径进行研究，2007年2月颁布的《日本低碳社会模式及其可行性研究》，以日本2050年CO_2排放在1990年水平上降低70%为目标，提出了可供选择的低碳社会模式，并在2008年5月进一步提出《低碳社会规划行动方案》。低碳社会的基本理念是争取将温室气体排放量控制在能被自然吸收的范围之内，为此需要摆脱以往大量生产、大量消费又大量废弃的社会经济运行模式。日本低碳社会遵循三个基本原则，即：在所有部门减少碳排放；提倡物尽其用的节俭精神，通过更简单的生活方式达到高质量的生活，从高消费社会向高质量社会转变；与大自然和谐生存，保持和维护自然环境成为人类社会的本质追求。

低碳城市实质上是低碳经济理念、低碳社会理念在城市发展中的实际运用，既要涵盖低碳生产也要顾及低碳消费，在一个城市的范围内维持良性的可持续能源和生态体系。发展低碳城市得到主要资本主义发达国家的广泛共识，各国都在积极开展行动。欧盟2004年3月已完成主要的应对气候变化的法律制定工作，制订了排放权交易计划。欧盟排放机制(EUETS)于2005年1月1日正式启动，被看做是欧盟25个成员国履行《京都议定书》承诺的一个非常重要的措施。2006年又推出“欧洲委员会行动计划——实现能效潜力”等。尽管美国在气候变化问题上，态度一向与其他国家相左，但在2007年7月11日，美国参议院还是提出了《低碳经济法案》。

2. 低碳城市的概念研究

与低碳城市实践相比，国内外关于低碳城市研究的文献还不多，尚缺少综合系统的研究。目前，国外对低碳城市理论的研究还处在探索阶段，多侧重于实证的量化分析。美国哈佛大学经济学教授爱德华·格拉什(Edward L. Glaeser)比较系统地研究了城市 CO_2 的排量计算方法及应用分析。他对美国10个典型大城市中心与郊区单位家庭采暖、空调、交通及生活能耗进行了实证分析,按照 CO_2/t 排放折合43美元的经济成本核算,从碳排放的经济学角度,科学地提出了实现城市低碳化发展的政策建议。[①] 日本学者柳下正治通过研究日本家庭、运输部门及工业部门的碳排放比重,从建筑结构、低碳交通、产业分布及新节能技术应用等方面提出了减少城市碳排放的具体措施。还有一些学者,从经济发展与能耗之间的关系分析了制约城市低碳发展的三大要素,即城市生产、交通和家庭生活,并对未来的发展进行了预测。也有学者研究发现,当代城市土地开发主要体现在社区的建设上,社区的密度和结构对城市能源及 CO_2 排放起着关键性作用。如上所述,国外学者对于低碳城市理论的内涵的界定还没有完全形成一致,界定各有侧重,都是立足于本国实际,各有特色。

对于低碳城市的理论内涵和发展途径,我国学者们也进行了积极的探索和研究,并取得了一些理论成果。从低碳能源和低碳生产的角度,金石认为,低碳城市发展是指城市在经济高速发展的前提下,保持能源消耗和二氧化碳排放处于较低水平;从低碳消费、低碳社会的角度,联合国环境规划署驻华代表处首任主任夏堃堡认为,低碳城市就是在城市实行低碳经济,包括低碳生产和低碳消费,建立资源节约型、环境友好型社会,建设一个良性的可持续的能源生态体系;从建筑节能和城市规划的角度,中国科学院可持续发展战略研究组组长牛文元教授在"2007城市可持续发展国际市长高层论坛"上说,实现城市的可持续发展应根据我国特殊国情,走环境友好的低碳型城市发展之路,发展低碳城市应重视城市规划、建筑节能和规划环评等领域;从低碳理念和公众的参与角度,刘志林等更加强调"低碳理念"及"公众的参与",他们认为,"低碳城市应当被理解为通过经济发展模式、消费理念和生活方式的转变,在保证生活质量不断提高的前提下,实现有助于减少碳排放的城市建设模式和社

---

① Edward L G, Matthew K. The Greenness of City. Rappaport Institute Taubman Center Policy Briefs, 2008(3):1-11.

会发展方式”[1]。

学者们对于低碳城市理论内涵的理解和认识是个不断加深的过程，低碳城市理论内涵也是不断完善的过程。综合以上的论点和当前低碳城市的实践，低碳城市的发展模式应当包括四大内涵：①可持续发展的理念。低碳城市的本质是可持续发展理念的具体实践，建设低碳城市必须立足中国国情，在努力降低城市社会经济活动的“碳足迹”同时，满足人民日益增长的物质文化需求。②碳排放量增加与社会经济发展速度脱钩的目标。以降低城市社会经济活动的碳排放强度为近期目标，首先实现碳排放量与社会经济发展脱钩的目标，即碳排放量增速小于城市经济总量增速，长期和最终目标是降低城市社会经济活动碳排放总量。③对全球碳减排作出贡献。对单个城市而言，低碳应当包含两个层次。狭义上，城市内部社会经济系统的碳排放降低并维持在较低水平，能被自然系统正常回收；广义上，一个地区通过发展低碳技术或产品，其应用对全球碳减排作出贡献。④低碳城市发展的核心在于技术创新和制度创新。一是需要低碳技术的创新与应用。核心技术，特别是提高能源使用效率的节能技术和新能源的生产应用技术，是城市实现节能减排目标的技术基础。二是需要公共治理模式创新和制度创新。低碳行动需要政府、公司、组织、家庭和个人的广泛参与，其中，政府对低碳的认识程度决定低碳城市发展的高度，政府的机制设计和管理创新发挥着主要推动和激励作用。

三、低碳城市建设中的问题和困惑

在我国，随着城市理念的蓬勃兴起，越来越多的城市投入到低碳生态城建设中。2008 年 1 月，世界自然基金会启动了“中国低碳城市发展项目”，以期推动城市发展模式的转型，保定和上海成为首批试点城市。随后，北京、杭州、无锡、南昌、厦门、宁波等城市相继成为低碳试点城市，到 2012 年年底国内有 200 多个地级以上城市提出建设低碳城市的目标，低碳城市建设成为继国际型都市、花园城市、宜居城市之后又一轮城建热潮。

---

① 刘志林、戴亦欣、董长贵等：《低碳城市理念与国际经验》，《城市发展研究》2009 年第 6 期。

尽管我国许多城市拥有建设低碳城市的热情和积极性，但据新华社记者报道，我国低碳城市建设存在许多问题，如口号喊得响，宣传动作大，但实际行动未见多大进展。低碳城市发展中出现的一些问题和困惑，仅仅限于技术的维度是很难解释的。例如，为什么看上去很美的低碳城市理念，在实践中却举步维艰？为什么尽管有相对成熟的低碳技术，但却没有被相关经济部门和企业尽可能地利用？为什么许多市民懂得如何节能减排和绿色消费的知识，但在实际生活中却没有采取行动？据国家发展和改革委员会一位专家表示："我国并没有一个真正意义上的低碳城市。"①

我国低碳城市出现伪低碳现象：一方面是既得利益者短期利益的选择；另一方面是缺少相应法律与制度的激励，但根本仍在于我国城市决策者、建设者、城市居民缺乏正确的低碳伦理精神。低碳城市建设是一项长期、复杂的系统工程，更是一个新价值观的重塑和环境美德的形成和内化过程。低碳实践困境的产生与传统工业文明观密切相关，而传统工业文明观是建立在西方世界"主客二分"的哲学基础上的。这种"主客二分"的哲学思想忽视了自然环境的整体性及其价值尊严，致使自然环境在人类意识中成为了物质财富增长的原料库，导致了人类为追求工业增长而广泛推行高碳发展模式。低碳实践困境的产生也与传统伦理观有着密切的联系。在传统伦理观中，伦理仅仅限于人与人之间的社会关系，自然环境没有获得"道德关怀"的资格，人与自然之间的关系却被排除在外，导致了人类在利用及改造自然环境资源的过程中没有必要的伦理准则制约。

因此，"低碳"问题也是一个低碳伦理道德问题。要想真正建设低碳城市，纠正已经被部分人严重扭曲的生产目的性和消费行为习惯，解决人类的环境灾难，实现人类与生存环境系统的和谐同在和永续利用。只有在高度自觉的低碳伦理道德观念指引下，自觉遵守新的低碳伦理原则和伦理准则，抑制人们的极端个人主义人生观、价值观；认识到节能减排不单纯是为了人类生存而采取的种种手段，从而改变用能和消费习惯，

---

① 《上百城市争贴"低碳"标签，新一轮"城建浮躁化"须警惕》，http://news.xinhuanet.com/politics/2010-12/03/c_12841347.htm。

激发人们的道德情感，最终形成促进人与自然和谐、关怀人类命运的伦理美德。

第二节　低碳伦理的蕴涵

随着“低碳”成为时髦话题，理论界一些学者对“低碳社会”“低碳经济”“低碳城市”“低碳生活”等进行了伦理的探讨，深化和拓展了对“低碳”问题探讨的深度和广度。低碳伦理是一种以人与自然和谐共生为价值目标、以减少碳排放为行为规范的伦理观，我们首先要探索低碳伦理的思想哲学基础、概念界定和理论内涵，分析低碳城市建设的伦理价值。

一、低碳伦理的思想基础

低碳伦理是整个人类生态伦理体系的重要组成部分，是一种以人与自然和谐共生为价值目标、以减少碳排放和节约资源能源为行为规范的伦理观，是生态伦理在低碳排放和低碳节能方面的道德体现。低碳伦理思想是在中国传统伦理学思想资源基础上的进一步深化，是对马克思主义的生态伦理思想和现代西方各种生态伦理思想的扬弃和整合。

1. 中国传统文化中的“天人合一”思想

传统伦理中蕴含着相当丰富的生态伦理智慧。中国传统文化中的“天人合一”思想上形成的环境伦理观，作为农业文明语境下人们素朴的生存智慧与道德体悟，不仅构成了古代文明传承及环境保护的精神力量，还可成为当今低碳伦理学建构的理论资源，从而为调整人与社会、人与自然以及人类主体自身的关系提供智力支持。“天人合一”的思想观念最早是由庄子阐述，后被汉代思想家、阴阳家董仲舒发展为“天人合一”的哲学思想体系，并由此构建了中华传统文化的主体。环境伦理学的实质和核心问题是人与自然的关系，中国传统哲学处理“天人关系”的独特视角，为我们考察现代社会环境伦理问题提供合理视域。

早在两千多年前，中国古代哲学家就以朴素的形式阐述“人与自然是统一”的问题。“天人合一”的思想最早见于周代，那时就有天地人“三才”的表述，认为天地人是个统一的整体。《易传》指出：“易之为书也，广大奚备,有天道焉,有地道焉,有人道焉。"[①]道家始祖老子又提出"道"的说法,他说:"有物混成,先天地而生,吾不知其名,故强曰之道,道大,天大,地大,人亦大,城中有四大,而人居其一焉。"[②]这种思想强调人来自于"道",也就是自然,是自然的一部分,天道与人道是和谐统一的。同时老子还提出"人法地,地法天,天法道,道法自然",认为人应该遵循天道,应该摒弃人的主观目的、愿望和意志,在自然面前无所作为,将自己等同于自然,被动地服从自然,归根到底是人必须师法自然。

明确提出"天人合一"命题的是张载。他说:"儒者因明至诚,因诚至明,故天人合一。"宋代儒学大师程颐指出"仁者以天地万物为一体"的思想。他把"天理"作为他哲学的最高范畴,并说:天只以生为道。他认为天理即"生","生"是宇宙的本体,也就是在生生不息的天道之下,通过阴阳二气化生,产生天地万物,人是天地万物之一,即"人与天地万物为一体"。人明白这个道理才成为仁者。程颐通过"气"这一概念把天地万物联系起来,从而进一步阐述了"天人统一"的观点。[③]

现代环境伦理构建的基本原则之一就是要认真对待人与自然的关系,正确认识人与自然之间的依存性,在人与自然的关系问题上,中国古代的环境伦理意识与现代环境伦理观念是相通的。尤其是以现代西方环境伦理学为代表,他们强调人类与自然的协调发展是人类可持续发展的基础和前提,强调尊重自然规律,遵守自然法则。现在的生物圈、大气圈是经过地球几十亿年漫长的进化过程逐渐形成的,是能够维持自我平衡与和谐发展的自然生态系统。人类作为自然生态系统的成员之一,他的身心组织的产生和进化,他的生存和发展不能超越对自然界的联系和依赖。从根本上说,人类社会的发展规律是以自然规律为基础的,是从属于自然规律的。因此,人与自然的关系是古代环境伦理意识的前提和出发点,同样也是现代环境伦理观念的哲学基础。

2. 马克思恩格斯的生态伦理思想

马克思生态伦理思想是马克思主义伦理思想体系中的有机内容,并

---

① 《易传·系辞下·传》。

② 《老子》第二十五章。

③ 焦华:《中国古代环境伦理意识与现代环境伦理观念探析》,《环境科学与管理》2005年第4期。

取得了原创性的成果。马克思生态伦理思想的构建，是马克思对解决19世纪的生态环境问题所作出的伦理回应。尽管19世纪还只是生态环境问题的初发期，马克思对当时的生态环境问题作了具体揭示：对土地资源的滥用；对森林的滥伐；气候变化异常；人居环境遭到破坏；环境被破坏已危及到了人的生命存在。马克思、恩格斯的一系列著作中，包含着丰富而深刻的生态伦理思想，明确地提出了生态伦理的基本理念、基本原则及基本规范。

(1)人的自然的本质与自然界的人的本质相统一的生态伦理理念。在马克思看来，人与自然万物同根同源，人与自然万物互依共存，人与自然万物皆受自然规律的制约。马克思曾指出："不以伟大的自然规律为依据的人类计划，只会带来灾难。"[①]恩格斯曾告诫："我们必须时时记住，我们统治自然界，决不像统治者征服异民一样，决不像站在自然界以外的人一样——相反地，我们连同我们的肉、血和头都是属于自然界，存在于自然界的。我们对自然界的整个统治，是在于我们比其他一切动物强，能够正确认识和运用自然规律。"[②]马克思、恩格斯的论述蕴涵着人类经济社会的发展必须同自然规律相一致，尊重自然，保持人与自然平衡共存的环境伦理思想。

马克思的环境伦理理念，蕴涵着马克思在人与自然关系上所持的基本的价值立场和善恶判断。马克思主张在人与自然的交互作用中，应确认并实现人的价值及福利，并同时确认和实现自然万物本身的价值及福利。由此，他明确提出了人的价值包含人本身的价值和人对自然界的效用价值，同时充分肯定自然界的价值和尊严，明确提出了自然界具有本身的价值的重要命题，自然生命物具有生存权利的重要观点。

(2)人的实现了的自然主义与自然界的实现了的人道主义相统一的生态伦理原则。人与自然的统一正是这一环境伦理原则的实质。在《1844年经济学哲学手稿》中，马克思认为未来共产主义社会的基本特质是："这种共产主义，作为完成了的自然主义，等于人道主义，而作为完成了的人道主义，等于自然主义，它是人和自然之间、人和人之间矛盾的真

---

① 《马克思恩格斯全集》第20卷，人民出版社1975年版，第518—519页。

② 《马克思恩格斯选集》第4卷，人民出版社1995年版，第383—384页。

正解决。”[①]在这里，马克思将完成了的人与自然的本质统一状态，归为自然主义和人道主义的实现，这就是从自然主义、人道主义及其结合的视角来研究人与自然的关系，将人与自然的本质统一同人的道德品格的构造联系起来考察，这样人与自然的关系进入了伦理学的领域，从而拓展了传统伦理学的论域。马克思所提出的人的实现了的自然主义与自然界的实现了的人道主义相统一的环境伦理观念，应成为人类处理人与自然关系所依循的基本的伦理道德原则。[②]

(3)人利用自然界所应遵守的基本的生态伦理规范。马克思一方面对人利用自然这一必要性给予了充分肯定；另一方面又明确提出必须对其予以规范。在马克思的众多理论著作的论述中所系统阐明的关于人利用自然应当遵循的环境伦理规范包括六个方面[③]：一是善待自然。马克思批判了蔑视和贬低自然界的观念和行为，否定了荒谬的、虚置的人对自然具有所有权的观念，提出要恢复人与自然之间的温情脉脉关系。二是依从物道。马克思提出人对自然的利用中，既应贯彻人的内在尺度，又应贯彻物的外在尺度，要按照美的规律来建造人与自然的关系。三是保护资源。马克思提出，自然界是人的无机身体，人应该像关爱自己的有机身体那样，仁爱善待自己的无机身体。他主张应将土地改良后传给后代，人对自然的利用中，保护自然界处在优先位置。四是循环生产。马克思主张人在生产中只能像自然界那样发挥作用，人的生产应该遵循生态规律，做到没有浪费和污染。他提出了循环生产和清洁生产的重要主张，认为在生产过程中应减少自然资源的消耗量，对生产过程的废物，要实现再利用，使其成为新的生产要素。五是节制消费。马克思批判了近代工业社会中的浪费现象，否决了拥有、所有式的生产观念和消费观念。他提出自然万物不仅是人们利用的对象，而且是与人共生一体的存在。他主张人应该合理地消费。六是联合利用。马克思主张人们联合起来利用自然，消除人利用自然过程中的盲目性，人应该共同地、合理地调节和控制人与自然之间的物质变换，使人与自然之间的物质变

---

① 马克思：《1844年经济学哲学手稿》，人民出版社1995年版，第77页。

② 宋周尧：《马克思的环境伦理思想及其现实价值》，《山东理工大学学报》(社会科学版)2010年第4期。

③ 宋周尧：《马克思的环境伦理规范思想解读》，《学习论坛》2007年第6期。

换既合乎人的本性，又合乎自然界的本性。

3. 生态马克思主义的环境伦理思想

所谓“生态马克思主义”，是生态学与马克思主义的结合。20 世纪 30—70 年代，西方发达资本主义国家相继发生了“八大环境公害事件”，生态马克思主义和生态社会主义即是中左翼力量对环境公害事件进行理论反思的直接结果。这些研究，绝不是在重复马克思主义生态观的基本内容，生态马克思主义注重对马克思主义生态观的弘扬与重塑，是对全球人类的生态环保意识觉醒的新召唤。因此，生态马克思主义理论中的环境伦理思想，对建设低碳城市建设具有重要的现实指导性。

西方生态学马克思主义者以马克思主义的立场观点和方法对人与生态环境之间的关系问题进行了深入的研究，在继承和发展了马克思主义的资本主义经济危机理论的基础上，分析了当代资本主义世界生态危机的根源，指出生态危机是资本主义的新危机，倡导生态化的生产方式与生活方式，提出了解决全球生态问题的方法和思路：

首先，生态马克思主义把生态危机和资本主义制度联系起来，把生态危机的根源归结于资本主义制度。因为资本主义生产的唯一的目的就是追求利润，这就决定了它必然要把自然作为掠夺的对象。在此基础上，生态马克思主义通过对生态帝国主义的批判，揭示了资本主义制度与全球生态恶化的内在联系，认为要恢复人与自然的和谐，必须构建生态社会主义社会。更严重的是，资本主义通过推行“生态殖民主义”和“生态帝国主义”向发展中国家转嫁生态危机。把高污染、高消耗的企业直接转移到发展中国家，直接把其他国家变成原料产地和垃圾填埋场，或通过“结构性暴力”实现对发展中国家资源的掠夺，由此造成了全球性的生态危机和生态环境灾难。

其次，消费异化导致生态危机。依据经典马克思主义的异化劳动理论，为了解释和解决资本主义病态的消费行为方式，生态马克思主义者发展出了当今资本主义的“异化消费”概念，为生态危机寻找到了直接的社会根源。同时，当代西方人的需求是一种被资本所支配和控制的“虚假需求”，在异化消费与虚假消费存在的条件下，资本主义并没有将其活动仅仅局限于人类基本需要的商品生产和人类与社会发展必需的服务设施上，而是为满足虚浮的消费生产，导致了生态危机。

最后，科学技术不能解决生态危机。生态马克思主义在对待科学技术与生态环境之间关系的问题上，从总体上肯定了科学技术的社会价值，重点批判了科学技术的资本主义使用方式。在资本主义制度下，生产力的发展、科学技术的进步，只是给一部分人带来了福利，而给人类的发展带来的却是灾难。马尔库塞认为，必须使技术从以营利为目的的资本主义生产方式中解脱出来，使其从资本主义的“技术合理性”转变为满足人类基本需要、与自然和平共处和激发人类潜力的“后技术合理性”(post-technological rationality)。[①] 克沃尔将科学技术革新、资本主义经济增长和全球性生态危机联系在一起，提出了仅仅通过科学技术革新无法改善生态环境继续恶化的观点。

4. 西方的环境伦理学理论

面对环境与发展，西方环境伦理思想对于西方社会的转型起了重要的作用。1923 年，法国施韦兹的《文明的哲学：文化与伦理学》的出版代表着环境伦理思想的开端，1933 年美国的莱奥波尔德在《大地伦理学》中，提出必须把人类当做大自然中平等的成员，主张把道德对象的范围扩展到人与自然关系的领域，并且要建立起尊重生命和自然界的新的价值尺度，这是人与自然关系在理论中的重大进展。20 世纪 60 年代美国的蕾切尔·卡逊出版了《寂静的春天》，将人类正当行为的内涵重新进行了解释，扩大到包括对自然界的关心，尊重所有生命和自然界。20 世纪 70 年代，美国的罗尔斯顿进一步在《环境伦理》一书中系统地建构了关于环境伦理的基本理论框架。

现代环境伦理在其后短短的 30 多年的发展中，又形成了诸多流派和观点。其中影响较大的主要有人类中心主义学说和非人类中心主义学说。人类中心主义认为只有人才是价值的主体，自然界是没有价值的，自然界的价值应以人类的需要为前提。由于人类中心主义漠视自然客体，过分强调人类的价值主体地位，忽视自然环境系统生存发展的需要及其对人类的长远价值，已逐渐失去社会思维的主体地位。非人类中心主义主张把道德义务的范围扩展到人以外的其他自然存在物，其理论要求是确立自然界的价值和自然界权利，实践要求是保护地球上的生命和

① ［德］马尔库塞：《单向度的人》，重庆出版社 1988 年版，第 143 页。

自然界。非人类中心主义的主要观点分为动物解放论或动物权利论、生物中心论和生态中心论三种。[①]

其实,大多数从事环境伦理研究的西方学者一般都主张非人类中心论的观点,他们基本是从"自然中心主义"的立场出发,对"人类中心主义"思想加以责难。按照美国学者泰勒的说法:"人类中心主义,即人类行为影响自然环境和它的非人类居民的对错与否来自于两种批评:一种批评认为,人类行为的后果是有利于还是不利于人类的幸福;另一种批评认为,人类的行为能否以坚实的或非坚实的规范系统保护和补充人类的权利。"[②]目前,非人类中心主义学说在西方环境伦理领域日益居于主流地位。特别是生态中心论(Ecocentrism)学派进一步深化和发展(目前形成了浅层次生态中心论和深层次生态中心论两个支派),把生态学、系统论的最新研究成果应用到道德伦理层面,增强了该理论学派的说服力和科学性。[③]

总而言之,马克思主义经典作家的经典论著、中国传统文化中关于环保典籍、西方有关绿色文献、环境伦理学的非人类中心主义思想,构成低碳伦理的哲学基础与思想资源。

二、低碳伦理的理论蕴涵

伦理道德,作为一种特殊的上层建筑和社会意识,以其特有的功能和方式为社会经济基础服务,并对社会经济基础发生重大作用。低碳生活的提出是人类理性反思的结果,工业社会全面物化的生活方式加速了二氧化碳的排放和环境的恶化,人类不得不反思高污染、高消费、高排放的高碳生产方式和生活方式。低碳伦理是人类在确认自然价值、尊重自然、感恩自然的思想基础上,以碳排放量不损害人们的健康权、生存权、发展权为善恶标准,以低碳排放和低碳节能来制约调节企业的生产行

① 宋蕾、闫金明:《环境伦理之争与我国环境法的伦理抉择》,《江汉论坛》2012年第8期。

② Taylor P W. The Ethics of Respect for Nature. Environmental Ethics, 1981(3): 197-198.

③ 田文富:《环境伦理的当代意蕴与中国环境伦理体系的构建思考》,《当代世界与社会主义》2006年第6期。

为、个人消费行为、政府管理行为的价值观念、伦理秩序和道德精神的总和。

低碳伦理这一概念，蕴含着丰富的理论内涵。

1. 低碳伦理要求承认自然具有价值

人类对人与自然之间的关系历来有两种相反的观点：一是"人类中心主义"；二是"非人类中心主义"。"人类中心主义"的基本特征是在人与自然的关系上，坚持人是主体、中心和主宰，只有人才具有内在价值，才有资格获得伦理关怀，自然界只是为人类服务的对象。作为西方现代化运动的精神支柱，"人类中心论"曾经在很大程度上促进了经济发展和社会进步。但是，人与自然关系中的"人类中心论"也是人类为了自身需要而肆意挥霍和掠夺的认识论根源，在"征服自然""人定胜天""自然资源取之不尽，用之不竭"等思想指导下，现代工业文明在追求经济增长的过程中给环境带来极大破坏，造成了今天全球气候变暖的整体趋势和严峻现实。在人类中心主义的范畴内，降低碳排放、建设低碳城市问题注定是无解的。与人类中心主义相反，非人类中心主义是承认自然的内在价值的：地球上的所有生物都是平等的，并非只有人类才具有内在价值，动植物、生态系统乃至自然本身都具有内在价值，它们也是道德共同体的组成部分，是否具有理性和某些生物学特征并不能成为获得伦理关怀的必要条件。霍尔姆斯·罗尔斯顿《环境伦理学：大自然的价值以及人对自然的义务》一书中，对自然界呈现的多种价值（支撑生命的价值、经济价值、消遣价值、科学价值、审美价值、使基因多样化的价值、历史价值、文化象征的价值、塑造性格的价值、多样性和统一性的价值、稳定性和自发性的价值、生命价值、宗教价值等）进行了细致的阐述。低碳伦理承认自然具有价值，强化了人类的生态道德责任，维护了人类与自然界的共同利益。

2. 低碳伦理是一个从个人、企业到政府的责任伦理体系

我们把低碳伦理分为政府、企业和个人三个方面，分别表现为政府的低碳伦理（政府自身行为责任和管理伦理）、企业的低碳伦理（企业的生产伦理和企业管理伦理）和个人的低碳消费伦理，形成一个以低碳为核心的伦理体系。它包括调节政府管理、企业生产、商业交换、生活消费等社会行为的道德行为规范，是一个包含生产、消费、管理低碳化在内的

综合道德价值体系。

低碳伦理中的政府责任。在伦理学观念中,责任也与义务联系在一起的,责任意味着负责地使用诸种权力。康德说过:"道德的价值,则只当置在下面一个事实中,就是行为必须是本于职责,即单单是为了法则才成立的。"[①]政府责任是由公共职位和地位带来的责任。政府在促进低碳形成方面的制度安排起到很重要的作用,在经济发展的过程中出现高碳排放与发展决策缺少伦理关怀、缺少对发展伦理问题的深入研究是分不开的。低碳伦理的实现要通过以分配正义为价值基础的制度安排,尊重资源的公平分配,遵循机会平等原则,保障弱势群体和贫困群体拥有平等享受基本资源的权益,并为其提供普遍的发展机会。

低碳伦理中的企业责任。在对待环境方面,企业已成为改变环境的巨大力量。企业可以通过技术路径转变生产模式来履行生态道德责任:通过降低资源消耗量,使生产成本下降,从而不污染环境;通过减少污水废气排放、主动进行废弃物处置,同时,开发绿色产品,实施绿色营销;企业改变传统的经营理念,倡导绿色消费,促进和改善环境,全面提高企业竞争力。另外,由于企业向空气、土壤、水排放污染物的社会成本无法在企业的账簿上体现,企业倾向于转嫁污染,还可以通过制定相关法律规范企业的行为,使环境伦理的要求在法律上予以体现,将一定的环境伦理原则和道德规范转化为法律制度。

低碳伦理中的个人责任。以往机械论观点认为,人类可以按照自己的意愿操纵环境,而不必考虑任何后果,而且进化论的观点使人类以强者自居。这样,发生肆意破坏自然的事件也就不足为怪了。今天盛行消费主义文化,以"占有"为主要特征的人的生活方式,把人对物的欲望高度地、无节制地加以刺激。低碳道路的选择实际上就是生活方式的选择,低碳生活需要摆脱消费主义、享乐主义的价值观,构建新的生活方式。

3. 低碳伦理体现公民道德的生态价值向度

低碳发展理念指导下的低碳生活,实质上是人的一种内在的德性修养与生存态度,"是一种自然而然的适度而又节制地消费各种资源的良

---

① [德]康德:《实践理性批判》,商务印书馆1960年版,第83页。

好日常行为习惯”[1]。低碳伦理不仅引导人类的经济发展方式，倡导社会文化的变革，同时也提出通约发展的属人本性，重新诠释实现幸福生活的方式，深度地追问“什么样的生活是有意义的”[2]。低碳伦理在人生观层面抵制消费主义。消费本是一种正常的经济现象，但当它和人的贪欲结合起来时，就成了带有意识形态色彩的消费主义。作为资本时代的总体性意识形态，消费主义为精神无着的人们提供了享乐和奢华，而作为消费社会的既得利益者，享受奢华的人们自然不会发出低碳环保的形而上的倡议，因为低碳环保拒绝享乐和奢华。低碳生活一方面满足了消费的需要；另一方面又使原来的物质主义消费模式进行生态转向。

4. 低碳伦理的本质在于通过创新满足人类发展的需要

理论界认为生态危机是人类无限制地追求增长而导致的，因而主张抑制增长。罗马俱乐部是其中典型代表，《增长的极限》提出世界是有限的，包括粮食和不可再生资源，当这些资源达到极限时，人类就面临严峻的生存问题。美国的赫尔曼·戴利认为“增长经济碰到了两种基本的限制：生物物理上的和社会伦理上的”[3]。中国也有学者提出要达到生态文明的理想状态，人类最好停止增长。总结国内外低碳城市的发展实践来看，普遍侧重于技术、制度、政策层面，将低碳城市定位于建立低碳能源系统、低碳生产方式、生活模式和鼓励低碳发展的相关政策、法律体系和市场机制，核心是技术创新和制度创新。低碳伦理的精神不再否定科技或生产力的进步，而是以“低能耗、低物耗、低污染、低排放、高效能、高效率、高效益”为主导，不惜一切代价研发节能技术，引进国外的先进成熟的低碳技术和产品，促进各种低碳科技成果的产生，以及各种新的可再生清洁绿色能源科技蓬勃发展，转变粗放型的、以过度消耗资源、破坏环境为代价的增长模式，实现可持续发展能力强、经济社会又好又快发展。

---

① 马丽：《过度消费抑或低碳生活：生态价值观的思考》，《广州大学学报》（社会科学版）2010年第6期。

② 薛勇民、王继创：《论低碳发展的生态价值意蕴》，《山西大学学报》（哲学社会科学版）2012年第2期。

③ [美]赫尔曼·戴利：《超越增长——可持续发展的经济学》，褚大建等译，上海译文出版社2001年版，第38页。

三、低碳城市建设的伦理价值

"低碳城市"绝不是一种应对城市现代化负面效应的"被动之举",而是人类对于人、自然、经济、社会等复杂关系进行深刻反思,在自我意识觉醒基础上的"主动应对"。作为一种新的城市建设模式和社会发展方式,"低碳城市"既是一种经济可持续发展的创新思维,也是一种对于人的生存方式和发展模式的道德诠释,蕴含了丰富的生态伦理诉求,具有终极意义上的伦理价值。

1. 低碳城市的实践理念是人与自然关系的和谐

人类的发展史既是一部碳资源、碳能量的发掘、利用史,也是一部碳废料的排放史。人一方面出于生存和发展的目的从自然界中获取碳能量和碳资源;另一方面又将利用后的碳废料排放到自然界中,在"人—碳—自然"关系中,自然界不仅是人类生产生活所需要的碳资源、碳能量的供给者,而且也是碳废料的接纳者和承受者。通常情况下,"人—碳—自然"系统处于动态平衡之中,人类对碳资源、碳能量的发掘利用程度、对碳废弃物的排放与自然生态的承载能力、自净能力相协调。然而当人类对碳资源、碳能量的发掘利用程度、对碳废弃物的排放超过了自然生态的承载能力、自净能力的时候,碳与人、碳与大自然之间原有的平衡状态被打破,碳不仅之于自然界成为了生态问题,而且之于人成为了社会问题。低碳城市发展模式的重要内涵是资源保护和生态平衡,彰显了"人—碳—自然"和谐发展的伦理思想。低碳城市的目标就是要处理好人与自然的关系,是对人与自然关系的升华。

2. 低碳城市坚持了以人为本的道德目标

"以人为本"就是一切都是为了人,即为了人的生存和发展,为了人的幸福美好,为了人的近期和长远的需求。低碳城市提倡的经济社会发展模式本质上就是以人的全面发展作为根本起点,也是最后要达到的终点。低碳城市内含的"以人为本",突出了发展的根本目的。很长时间以来,我们对于城市的理解在很大程度上是政治、经济、文化的中心,忽略了城市的居住功能,这是城市的原始内涵。即使看来是注重居住功能,大搞房地产,城市的规模在不断扩大,消耗大量的资源、能源,走的是一条高消耗、高消费的道路。低碳城市的建设目标是要把城市打造成人类

"诗意栖居之所",应该是人们的"乐居之所"。正如海德格尔推崇的荷尔德林"人,诗意的栖居"一样,我们要诗意般居住,不要去掠夺和破坏这个世界,而是以自己充满劳绩的活动来创造和丰富我们的世界,使大地和生命得到不断的充盈和繁荣。这才是"低碳城市"应有的道德维度。

3. 低碳城市体现了强制性的道德约束力

由于低碳问题的复杂性和紧迫性,低碳伦理不同于传统意义上强调道德主体"自觉""自省"的伦理,低碳伦理更强调强制执行。近年来全球极端天气及其引发的海洋、地质和生态环境灾害的集中出现,就是自然界对于人类过度索取的"疯狂报复"。发展低碳城市,保持能源消耗和碳排放处于较低水平,实现城市的清洁发展、高效发展和可持续发展,这是人类对于自身生态道德责任的反思,更是对城市经济社会活动主体强烈的道德约束。霍尔姆斯·罗尔斯顿认为:"尽管伦理主要依赖于人们的自愿接受,但是,一种社会伦理如果完全依赖于人们的自愿,那它就不可能是稳定的。"[①]我国"十二五"规划编制首次将碳排放作为约束性指标纳入其中,强化低碳发展、节能降耗、推广低碳技术等有力措施。低碳城市发展确定的强制性节能减排指标不但具有法律约束力,更具有道德约束力,体现了低碳伦理作为社会意识形态特有的引导、规范、调节功能。

第三节　低碳伦理体系的构建

低碳伦理是对人与自然环境之间道德关系的系统研究,是整个人类生态环境伦理体系的重要组成部分。因此,低碳伦理体系构建与人际伦理体系具有一致性,主要包括三个层次的问题:伦理原则、伦理规范和伦理美德问题。伦理原则牵涉到人类对待道德对象需要遵循的基本思维模式、思想方法和思想观念;伦理规范是作为在社会发展和日常生活中面临生态环境问题时处理人与自然、人与人之间关系的行为准则;伦理美德则致力于回答人在与环境交往中存在何种美德以及如何培养低碳

---

① [美]霍尔姆斯·罗尔斯顿:《环境伦理学:大自然的价值以及人对大自然的义务》,中国社会科学出版社2000年版,第20页。

节能的个体。

一、低碳伦理的基本原则

低碳伦理原则是人类如何对待二氧化碳排放的一整套思维模式、思想方法和思想观念。低碳伦理所提倡的和谐共生理念、共同而有区别的责任和关爱自然原则，为低碳城市、低碳社会建设、倡导低碳生活提供了价值导向与道德支撑。

1. 和谐共生的原则

人类高碳行为导致全球气候变暖，使人类面临农作物减产、水资源短缺、海平面上升、物种灭绝、疾病增多等诸多严重的环境后果，造成了人与自然的对立、人类自身矛盾的加剧，以及诸多社会问题的丛生。在这一时代背景下，人与自然、人与人在生态文明下共生的观念呼之即出。首先是人与自然的和谐共处，在工业文明主客二分观念中，人在改造自然过程中的高碳行为，正好体现人的主体性；在生态文明共生观念下，提出人对自然界的恰当尊重和责任，低碳行为出于对整个人类、整个生态系统的道德关切，被赋予了道德崇高性，低碳伦理取得价值合理性。其次是人与人的共生才是“共生”哲学的真义，构成低碳伦理的终极价值目标。工业文明意义上的人类中心主义，其本质是以少数人经济利益为导向的个人主义价值观，以狭隘的个体利益、企业利益、地方利益和国家利益为中心，而非整体的“全人类尺度”为价值标准，才产生畸形发展、高碳排放、透支环境的非生态行为，造成今天环境与生态严重失衡的问题。

和谐共生的观念，在处理矛盾的情景中，必然导向“正义”的原则。在低碳伦理理论框架下，“环境正义”可以作为解决基于环境问题的人类矛盾的根本原则。环境正义是指人类不分国籍、种族、政治地位、经济状况、家庭背景、教育状况、性别，都平等地享有自然环境方面的权利，主要表现在以下三个层面。其一，国际环境正义原则推动国与国之间的和平共生。全球变暖主要是由发达国家高碳排放造成的，而不是由发展中国家造成。其二，社会环境正义原则促进社会不同阶层的人与人之间的和谐共生。弱势群体、穷人总是容易被置于恶劣的生态环境里，承受更多的二氧化碳、更多的污染，吸纳更多的废气和噪音，吃更多的高含毒性食物，承受更多的灾疫之难。而富人则相反，越是富裕，就越能享受低碳排放的生活环境。在环境正义原则的指导下,必须在资产者与被剥削者之间实行生态补偿原则:实现资产者对处于被剥削地位的弱势人群的经济利益补偿。其三,代际环境正义原则确保人类现代和将来世代子孙间的历史性共生。受狭隘利己主义的根本制约,一些国家、企业和个人往往只看到局部的短期利益,无限开发资源,过度污染环境,全然不顾子孙后代的生态权益,产生代际环境正义问题。代际环境正义原则要求现代社会节制使用资源,维护生态环境平衡,为未来子孙的发展创造条件,而不是竭泽而渔。

2. 共同而有区别的责任

"共同而有区别的责任",是1992年联合国环境与发展大会所确定的应对气候变化的国际环境合作原则,这一原则现已成为国际社会关于气候问题的基础性机制。我们认为"共同而有区别的责任"也是低碳伦理的基本原则,"共同"是指每个国家都要承担起应对气候变化的义务,"区别"责任是指发达国家要对其历史排放和当前的高人均排放负责。发达国家拥有应对气候变化的资金和技术,而发展中国家仍在以"经济和社会发展及消除贫困为首要和压倒一切的优先事项",发达国家理应承担更多的节能减排、治理环境义务,在道义应为承担发展中国家提供碳减排的资金和技术、帮助第三世界发展经济。

低碳伦理要求"共同"责任。从气候来看低碳,这是个全球性问题,因为全球大气层是相通的。一个地方低碳了,其他地方照样排放甚至增加,那么低碳的地方还是要遭受危害。低碳伦理也更加强调"区别"的责任。低碳伦理是一个涉及全球气候正义的大问题,"今天,最基本的伦理问题是如何投入和分配有限的资源以执行防止、减轻和适应气候变化这三重任务,以便把受害者的数量减到最少。气候变化成了一个全球气候正义问题"①。自然资源和温室气体的排放权在国家之间的公平分配。我国作为世界人口最多的国家,理应积极主动地参加到减少污染保护环境的行列中来,与世界各国共同解决人类面临的生态危机。中国政府已经向国际社会郑重承诺:到2020年,单位国内生产总值二氧化碳排放比2005

---

① [瑞士]克里斯托弗·司徒博:《为何故、为了谁我们去看护?——环境伦理、责任和气候正义》,牟春译,《复旦学报》(社会科学版)2009年第1期。

年下降 40%～45%。实现这一目标，需要全国人民付出扎实而艰苦的努力。

3. 关爱自然的原则

传统伦理学认为伦理关系只涉及个人之间的行为，只考虑人类的利益，是人类利己主义的伦理学。低碳伦理认为人类使用大量的化石能源，碳排放引起的气候变暖带来了全球性生态危机，是由于人们过度的利己主义和盲目相信科学技术可以解决一切问题造成的，其根本原因在于对自然界缺乏伦理关怀。气候变暖造成的生态系统破坏，首先受到损害的不是人类而是其他动植物，生态危机不能以是否危及了人类的生存为唯一标准。在人与自然的关系上，自然界是人类的"无机的身体"①，是人和人类社会发展须臾不可离开的基础。人不但有把自然界中生物和非生物当做工具价值来使用的权利，更有维持整个自然界生态系统完整、美丽、稳定的义务。罗尔斯顿在主张人与自然之间存在伦理关系的意义上说："动物和植物只关心（维护）自己的生命、后代及同类，但人类却能以更为宽广的胸怀关怀（维护）所有的生命和非人类存在物。"把道德对象扩展到整个生态系统乃至自然界，是低碳伦理的基本精神。

二、低碳伦理的主要规范

低碳伦理规范是低碳伦理原则在低碳城市建设、低碳社会建设以及公民的低碳生活的伦理实践中的具体展开，是对这些伦理原则的支持与保护，是一定伦理行为和价值目标得以实现的框架和形式。利益关系问题构成伦理关系的基础，"低碳"问题牵涉到诸方面利益关系问题，低碳伦理的主要规范包括三个方面：公正、节俭节制与清洁有效。只有在制度层面确保低碳公正、社会生活节俭节制、企业生产清洁有效，革新高碳式发展模式和生活模式，减少碳排放的伦理目标才不至于成为一个口号。

1. 低碳公正

所谓低碳公正，指的是人类社会在处理碳排放问题时，各民族国家、群体、代际之间所应大气生态环境的使用的权利与保护义务的公平对等。公平正义既是维系社会秩序的原则，也是每个公民的个人权利，维

---

① 马克思：《1844 年经济学哲学手稿》，人民出版社 2000 年版，第 58 页

护权利是每一个地球公民的天然义务。低碳公正是社会正义在碳排放领域的延伸，是低碳伦理的基本规范。构建公平正义的低碳伦理新秩序迫在眉睫，只有让人们切实地感受到真正的公平，人们才会有信心和热情去践行低碳道德。低碳公正牵涉到大气生态环境的使用、大气生态利益的分配、主体间的平等与公正为主要内容。

从性质上看，低碳公正可分为程序意义上的公正、地理意义上的低碳公正和社会意义上的公正。所谓程序意义上的公正强调同等待遇问题，即国际、国内大气生态公约、法规、制度应当是普遍适用的，每个国家、地区、个人在涉及与自己相关的大气生态环境事务时，都享有知情权和参与权，此即大气生态利益的分配正义。地理意义上的低碳公正强调在大气生态环境问题上付出与所得是对称的，即容纳碳废弃物的地方应该从产生碳废弃物的地方得到补偿，此为大气生态利益的补偿正义。社会意义上的低碳公正强调在整个社会中保障个人或群体应得大气生态权益的重要性，即不同国家、民族、团体、群体承受大气生态风险比例相当，此乃实质正义。当前，我国正处于工业化、城市化的快速发展过程中，发展的不平衡、不协调、不可持续问题普遍存在，特别是东部地区与西部地区之间、城市与农村之间的环境不公平现象尤为突出。

从时空上看，低碳公正包括低碳种际公正、低碳代际公正、低碳代内正义。低碳种际公正就是指人与大气生态之间保持适度、适当的开发与保护关系，保持人与大气生态之间的协调关系，既不能为了人的利益而破坏大气生态的持续存在，也不能因为保护大气生态而置人于死地，这也是低碳伦理的主要内涵。低碳代际正义是指当代人与后代人在利用大气生态资源问题上应保持恰当的比例，既不能为了当代人的利益过度利用大气生态资源而使后代人无大气生态资源可用，破坏甚至毁灭他们的生存基础，也不能为了子孙后代的需要而使当代人忍看眼前的大气生态资源弃而不用。低碳代内公正是指在同一时空下享用大气生态资源的权利与保护大气生态环境的义务的对应，既不能只享有或多享用大气环境资源而少尽或不尽保护大气生态环境义务，也不能只尽保护大气生态环境义务而少享用大气生态环境权利。

2. 节俭节制

低碳的关键是节能减排，最大限度地减少二氧化碳的排放。而节能减排的伦理基础是节俭、节制，所以节俭、节制的传统美德重新显出其时代价值。在物资匮乏、生活艰难的农业社会，节俭、节制以其内在的经济价值和精神价值为古人所崇尚，从而成为中华民族的传统美德之一。在西方，节俭的美德也为人们所崇尚，在古希腊四主德里，节制与"智慧、勇敢、公正"一起，成为其重要的内容构成。在资本主义发展时期，适应商品经济生产和交换的需要，资产阶级竞相把节俭与惜时、守信、进取、公平等一起作为自己的道德品质。

节制是"约束""限制""压制"的意思，也可理解为理性对欲望的控制。亚里士多德指出："一个人回避肉体的快乐，并以避开肉体的快乐为快乐，这就是节制，而沉湎享乐的人就是放纵。"①节制是对欲望的节制，是对理性的坚持，与智慧、公正、勇敢共同构成理想国中的四主德。在中国的传统文化中，节制思想也频繁出现。老子曾提出："祸莫大于不知足，咎莫大于不欲得，故知足之足，常足矣。"②节制的道德观念在人类社会发展中起着很重要的作用。

但是，不知从什么时候起，谈节俭似乎成了一种"不上台面"的事情。有观点认为，节俭、节制是农业社会的道德规范，进入工业社会和信息社会之后，这些道德规范都过时了，应该代之以"能挣会花""超前消费""享受人生"了。在这种消费伦理作用下，谈低碳伦理是不可思议的。在当下巨大的环境和资源能源危机压力下，对政府、企业、个人而言，崇尚节俭，主张珍惜和节约自然资源，反对奢侈浪费的行为，是我们应当遵循的最基础、最基本的伦理规范。如果连节俭都做不到，所谓的低碳伦理，永远都不可能实现。所以，人类在自然资源的利用与开发上，应奉行节约原则，节制高效地使用现有的资源，节俭地进行生产和消费。

3. 清洁有效

清洁有效是对企业开发和利用资源、生产活动行为提出的低碳化规约。地球资源的生成和维持遵循一定的客观规律，既有永不枯竭的资源，也存在不可再生的资源，面对全球能源短缺，有效利用低碳伦理规范要求对人类开发和利用的资源行为进行约束，以实现资源的永续利用。

① 亚里士多德：《尼各马科伦理学》，中国社会科学出版社 1999 年版，第 31 页。

② 《老子》第四十六章。

当前的大气污染、温室效应等环境危机在很大程度上是由于企业不合理的生产方式造成的，建设低碳城市要求企业厉行清洁生产，开展企业技术创新，提高能源的利用效率，减少甚至消除污染物的产生和排放，体现了企业的社会责任感和对自身负责的精神。

根据资源的不同类型，低碳有效利用以实现资源的永续使用，需要做到以下几个方面：一是对恒定自然资源的低碳有效利用。恒定的自然资源包括太阳能、潮汐能、风能等，这些资源是大自然的无偿恩赐，我们要对其充分利用。二是对可再生资源的低碳有效利用。可再生资源指在社会生产、流通、消费过程中，物质不再具有原使用价值而以各种形式储存，并通过不同加工途径重新获得使用价值的各种物料的总称，是在短时期内可以再生和循环利用的自然资源。由于自然资源的再生能力不是无限的，因此，低碳有效利用道德规范要求人们合理地节约利用自然资源，对再生性资源进行人工增殖，实现其永续利用。三是对不可再生资源的低碳节约利用。所谓不可再生资源就是指经过人类开发利用后，在相当长的时间内，不能再生的自然资源。一些资源在其形成过程中由于受到天然作用，经历漫长的地质时期，如自然界的各种矿物、岩石和化石燃料，煤、石油、天然气等都是不可再生的。因此，通过低碳技术创新不断拓展同一种资源的使用价值，采取一定的措施，对废物回收利用，变废为宝，实现低碳节约利用不可再生资源。

清洁生产就是要求把生产过程中造成的污染控制在最低水平，以最大限度地降低资源和能源的消耗，降低能耗，减少温室气体的排放。当前推行清洁生产需要做到以下几个方面：其一，进行产品绿色设计。所谓产品绿色设计就是在产品设计过程中，既要考虑环境保护，减少能源、资源的消耗，又要顾及商业利益，降低生产成本、提高企业的市场竞争力。其二，实施生产全过程控制。企业的清洁生产要运用高效率的生产设备，禁止运用有毒、有害的原材料，优化生产模式，进行污染治理，最终实现清洁、高效的生产。其三，进行材料优化管理。材料优化管理是清洁生产的重要环节，要求企业在选择材料时要考虑其再利用和可循环性，以此来提高环境质量和减少生产成本。

三、低碳伦理美德

自20世纪70年代环境伦理产生以来，绝大多数环境伦理学流派的理论建构都以规范伦理学为范式，探求人与自然之间应遵循的环境伦理规范体系。然而，无论道德规范是多么周密，都无法绝对指导人的道德生活和精神需求，我们在规范之外，还需从人的德性在统摄、制约人的日常生活的重要性上来寻找行为的合理性。“低碳伦理”是在对常规能源的依赖导致二氧化碳等温室气体排放过度行为的反思，是道德领域里新出现的一个具体种类。和其他的传统道德种类一样，低碳伦理也存在规范的外在性与他律性、规范的普遍性与实践主体的差异性以及“知易行难”等问题，因此低碳伦理从一开始就要强调实践导向和关注人内在品质、实践智慧的美德伦理。低碳美德，作为一种新型科学的道德品质类型，有其丰富的内涵，具体体现在低碳价值观、低碳道德认知、低碳道德情感、低碳道德意志和低碳道德行为上：

1. 低碳价值观

价值观是人对事物的属性，满足人的需要程度的总体评价和看法，反映的是事物的使用价值和功能。尽管非人类中心主义者对人类中心主义的观念进行了猛烈的批驳，但不可否认的事实是，人仍然是日常生活世界、环境伦理实践的行为主体。低碳的实现不仅取决于技术创新与经济发展模式的变革，更取决于人们生活态度和生活方式的改变，而生活方式的转变，从根本上说是由人们的价值观以及在此基础上形成的作为一种实践品质的环境美德所推动的。低碳价值观的评价标准不仅以人为尺度，而且以更深层次的自然生态为尺度。在认识人与自然、资源、环境的关系问题上，摒弃传统的人类中心主义倾向，以人类与自然的和谐共惠共生为发展的准绳。在价值关系方面，即承认自然对人的各种价值和功能，是维持人类生存与发展的基础和前提，是人类进行物质资料生产活动的先决条件。同时也要承认其自身的存在价值，即它是地球生命系统的重要组成部分，维系着生命和自然界的可持续发展。在处理人与自然关系的问题上，要求尊重自然，以审美和欣赏的态度热爱大自然，以高尚的情怀和人性关心大自然，尊重自然规律，追求自然生态与经济社会发展、科技进步与环境保护、物质满足与人的心灵净化之间的平衡协调,寻求人与自然共生共荣,和谐发展。

2. 低碳道德认知

低碳道德认知是低碳道德的认知层面。“低碳”“碳排放”最初是环境经济学的概念,是指生产和生活中所消耗的资源与所排放的二氧化碳的量。低碳伦理学将“碳联系”——碳的消耗与排放的联系,从环境经济学认识前提下通过经济理念保护环境的一种手段,上升为一个哲学的伦理学的概念。低碳美德包含着理智的要素,他追求低碳生活不是由于内心的冲动,而是基于审慎的判断,他能够在理性判断之下选择出一种合宜性的消费观念,并外化于行为之中形成习惯。首先,低碳道德认知表现为责任意识。由于我国受人口众多、人均资源占有量小等国情限制,加之处在社会转型期阶段,人口资源环境问题突出,单纯依靠政府和企业力量是远远不够的,还需要广大民众自觉参与到低碳行动中来,千百万民众的低碳行动是推动低碳生活的力量源泉。其次,低碳意识还要具备节俭意识。节俭意识倡导人们在日常生活中养成节电、节水、节能的好习惯,尽量将个人的碳排量降低。提倡“勤俭节约型”的生活方式,杜绝挥霍和浪费,崇尚简约、精致而纯粹的生活。最后,推动低碳减排,还需要公众具有环保和“碳汇”意识。“碳汇”主要指通过植树造林、种草等绿化手段和方法,净化空气,吸纳空气中的 CO_2 以美化环境的活动和过程。通过引导公众树立环保和“碳汇”意识,珍爱自然,呵护自然,共建人类美好的精神家园。

3. 低碳道德情感

道德情感,即个人对于人类道德感情的“得”,如同情心、嫉妒心、自尊心、自卑心等。人们能够追求低碳生活,从情感上看是因为对因环境破坏而深受其害的人的同情以及推人及己的忧虑。低碳道德情感告诉我们:低碳不只是个人的自愿行为,也是为建设“资源节约型和环境友好型”社会的宏伟蓝图而做出个人的努力和行动这种公民精神的有力表现,更是为如期实现国家承诺的到 2020 年单位国内生产总值二氧化碳排放比 2005 年下降 40%~45%的目标、为履行全球应对气候变化承担共同责任。

以低碳生活为美德的人,总会满意于自己做出的低碳生活的举动,而当他做出不符合低碳生活的行为时,他会对自己的行为产生持久的内疚感和遗憾感。另外，一个以低碳生活为美德的人，当看到别人做出符合低碳生活的举动时，他会对其持欣赏、支持的态度，并能引以为同道。所以，有了勇担使命的责任意识和厉行节约的愿望和决心，纠正个人的浪费、不当消费的习惯，拥有给予大自然深度关怀的人文情怀和态度，那么以每个人的绵薄之力乘以13亿人口汇集而成的低碳力量是难以想象和超越的。

4. 低碳道德意志

道德意志是指人们在履行道德义务的过程中所表现出来的自觉克服一切困难和障碍、做出抉择的顽强毅力和坚持精神，也是构成个人道德品质的要素。它能促使人们将自己的道德意识、道德情感、道德信念外化为道德行为，帮助人们自觉地调节自己的言行和情感，克服内外部的各种困难障碍，坚持自身认定的行为方式，形成行为习惯。一个具有了对低碳生活的深入认知和深刻感情的人，很容易化内于外，做出符合低碳生活的行为，而且，这种行为不是短暂的和不连续的，而是长久的和持续的。通过家庭公约、社区公约、个人承诺等形式，组织调动社会广大力量，努力将个人的低碳能力和热情感染他人，彼此相互监督，形成强大的舆论道德压力，以此告别个人不合理的生活方式和行为。

5. 低碳道德行为

政府、企业、个人在低碳发展、环境保护中要积极承担主体责任，努力实现经济发展符合低碳伦理，做到经济和社会活动低碳化，使各种生产消费行为恪守人和自然良性循环的基本原则。政府要建立低碳法律法规体系，为低碳城市、低碳社会建设提供刚性依据，还要积极建立低碳伦理制度体系，把低碳伦理写进《公民道德实施纲要》，实现低碳价值伦理观念的制度化，为社会经济主体提供一种具体可依的制度。企业要加强低碳文化建设，在生产方式上推行生态生产技术，实行循环生产，节省资源和减少能源投入，在生产过程中以研制和开发“绿色产品”，降低单位GDP的碳含量。在消费领域中要树立全新的价值理念和道德标准，养成节约习惯，戒除以大量消耗能源、大量排放温室气体为代价的“炫耀消费”“奢侈消费”“面子消费”“一次性消费”活动。反对奢靡的生活方式，全面加强以低碳饮食为主导的科学膳食平衡，维持适度生活水平，实行绿色消费，追求高尚的精神生活，积极开发低碳建筑和居住空间，加强节电、节水、节油、节气和物资回收利用，实行低碳交通，践行低碳生活。

第二章 国内外低碳城市建设的实践与启示

目前,建设低碳城市、实施低碳经济成为世界上许多国家共同追求发展的模式。城市低碳化建设模式应与其城市的性质、功能定位、空间结构和文化特征相适应,不同定位、类型与功能的城市应当采取不同的低碳城市建设道路。其中,典型的城市低碳化发展模式对于引导低碳城市建设具有重要价值。因此,有必要对现有国内外低碳城市的理论成果与实践经验进行系统的梳理,为我国的低碳城市建设提供有益的借鉴。

第一节 国外低碳城市建设实践

自英国最早提出构建低碳发展并付诸实践以来,世界上许多著名城市紧随其后进行探索,经过多年的发展,这些城市的低碳构建工作也取得了一定成果,对于低碳发展的研究和实践也走在了我国前面。其中,丹麦的哥本哈根市、英国的贝丁顿零能耗社区、德国的弗莱堡示范式治理则是其中的佼佼者。

一、丹麦模式:应对气候变化的城市行动

丹麦的哥本哈根是世界上首个提出要在2025年之前成为碳中和城市作为目标的著名绿色城市,该市一直致力于气候问题的改善和解决,

低碳城市模式的实践也走在了世界前列。该市于2009年8月正式出台的《哥本哈根气候规划》(Copenhagen Climate Plan)提出了分两个阶段实施二氧化碳减排目标:2005年至2015年第一阶段减少碳排放20%;第二阶段到2025年,使哥本哈根成为世界上第一个二氧化碳零排放城市和全球气候之都。按照计划,该市政府出台了一系列配套政策来促进减碳计划的实现(见表2-1),积极的措施和行政监督也带来许多积极成果,使得该市的低碳任务一直在有效进行。截至目前,哥本哈根已经拥有高效节能的区域供热系统,世界领先的公共交通体系和自行车道路体系。支撑着这些傲人成就的有利因素则在于政府在六大领域发挥了有效的职能,具体如下。

1. 低碳模式的能源供给

用全球的气候领跑者或者绿色能源的领先者来形容丹麦,一点都不为过。丹麦政府非常重视国家能源战略的制定,在能源发展战略目标的指导下,通过制定能源政策引导能源利用方式改变,建立并严格执行明确的节能利用激励机制,并注重能源利用的过程管理和能源战略的实施。在哥本哈根的低碳计划中,能源的减排任务占据了绝大部分的比重。过去的十年中,哥本哈根电力生产已经减少了20%的二氧化碳排放,但仍有73%的能源来自于产生高碳排放的非可再生能源。可以说,哥本哈根最大的碳排放源来自于传统能源的使用,解决这个大问题将为碳排放量的锐减起着关键作用。为此,政府颁布政策来转变现有能源结构,总的来说其内涵是开发可持续新能源和提高能源效率。以风能为主,并结合其他新能源不断开发和利用、在电力基础上实行热电联产,进行区域性供热都是该市在能源供应上革新的具体体现。

2. 绿色交通

据哥本哈根市政府提供的数据,其50万常住市民中有36%选择自行车作为上下班交通工具,有60%的市民每天都使用自行车,其中包括某些政府部长的上下班和办公出行。因此,哥本哈根被国际自行车联盟(International Cycling Union)命名为2008年至2011年的世界首个“自行车之城”。该市一直极力提倡“自行车代步”,市内所有交通灯变化的频率均按照自行车的平均速度设置,体现出市政府对自行车的重视程度。道路的设计充分照顾了骑自行车的需要,全市有数百公里的自行车专行道。市区拥有完善的自行车代步服务，全市设有一百多个免费自行车停放点，以20丹麦克朗的价格就能自行租借，把车还回至任何一个停放点时，就可以将押金拿回。但如果没有把自行车停放在规定的区域，罚款则高达1000欧元。

在丹麦，轿车在生产过程中就加180%的税收，环保费一年要缴纳600欧元，办一个汽车牌照要花的钱不亚于购买汽车本身的价格，此外燃油费也比较高。这些措施使得哥本哈根的私家车驾驶变得非常昂贵，即使是对于20%的最高收入阶层来说，每月养车的费用也占其收入的25%以上。对城市中心区，私家车主要实行拼车制，车内3人以上才能进城。种种限制让很多哥本哈根市民放弃了驾驶私家车出行，以步行和骑自行车代之。

3. 节能建筑

市政府以四个维度进行建筑节能管理，即通过通风、温度控制、照明、噪音控制，并对建筑的材料、使用、配套服务有着严格的把关。通过提高新建建筑物的设计标准和旧楼房的改造，达到降低能源消耗、更好地调节室内空气和降低噪音的目的。早在十多年前，市政府开始采取措施提高建筑物能源利用效率：建筑物门窗安装了中间真空的双层玻璃，防止室内热量流失；对供热取暖系统每户都安装了温度调节器和用量表，用户可以根据自己的需求调整供热量，避免不必要的浪费。

4. 最大化的市民参与

培养"气候公民"的计划旨在调动市民参与的积极性，提高低碳意识，改变市民的思维行为方式，最终以实际行动为低碳减排做贡献。培养新一代的"气候公民"被列为市民参与活动的重要内容，其工作重心是对青少年的教育。青少年是每个家庭中最大的能源消费者，他们的行为影响着家庭的习惯和气候知识，同时他们也是未来气候行为的决定者。市政府计划通过教育和参与，提高青少年的节能意识，养成随手关灯、关电脑和电视的好习惯。为此，市政府决定新建一个科学模拟中心，让青少年有更多的机会了解气候科学知识，确保18岁以下的儿童和青少年每年都能参加科学中心的一项活动。同时每年还要培养至少1500名气候大使，督促亲戚朋友采取节能措施。每年要有1万名儿童有机会在"气候森林"中种植一棵树。

5. 低碳模式的城市规划

按照以人为本和环境友好的原则进行城市规划与管理是整个丹麦

的一个优良传统，国家和市民在经济发展和城市规划中发挥着巨大的控制和管理作用。国家设立了住房部，对国土的使用和住宅建设的控制非常严格。居民申请土地住宅建设严格的条件限制，符合条件者从对住房的设计到施工，始终都要接受政府的指导和监督。政府为实现碳中和城市的目标，要求所有市政工程的建设都必须严格遵守可持续发展原则和低碳原则，并计划对隔热、建材、外墙、电力、通风等各个环节设立明确标准。通过建立低碳试验区，不断探索新的发展路径。

6. 应对未来天气

哥本哈根市政府在这方面同样加以重视，旨在增强整个城市应对气候变化和气候灾害的能力。市政府计划制定一套较为综合的气候应对战略，并开发多种应对暴雨天气的排水方案，应用于整个城市；通过增加绿地面积、袖珍公园来延缓雨水，避免洪灾；通过天棚、通风等方式调节室内温度。袖珍公园是城市中的小型绿地，既能给城市降温，又能在洪涝天气中涵养水分，同时还能为市民提供休闲和运动的场所，因此市政府计划每年至少新建两座袖珍公园。

表 2-1　哥本哈根市政府主要的低碳措施

涉及领域	具体政策措施	所占减排任务的比重
能源供给	将燃煤发电转化为生物燃料或木屑发电，建立新能源发电和供热站，增加风力发电站，增加地热供热基础设施建设，完善区域供热体系等。	75%
建筑	规定市内所有新建筑都必须符合节能标准，政府建立能源基金用于资助现有建筑进行升级或改造，对房屋出租者、建筑工人等利益相关者进行减排知识的培训，发展太阳能建筑等。	10%
交通	建设更多的自行车道路、桥梁、停放点；强制实行拼车和采用降低排放的驾驶技术；说服立法机构征收交通拥挤税；鼓励私人和公交系统购买电池和氢动力汽车，由政府提供便利的充电设施；通过安装节能灯和发光二极管(LED)技术使路灯和交通指示系统更加节能等。	10%
市民参与	增设气候知识网络，鼓励市民参与气候问题的讨论和交流行动经验；设立用电、取暖设施使用、交通方式选择、垃圾分类等方面的咨询机构；建立新的气候科学模拟中心以提高青少年的气候科学知识等。	4%

续表

涉及领域	具体政策措施	所占减排任务的比重
城市规划	提出在对城市进行改造和新建生活社区的过程中要执行最严格的低碳标准,使住宅尽量靠近车站、学校、工作单位和购物中心,减少市民对交通的依赖。	1%
气候应对	增加城市绿地和储水型建筑物,以达到调节空气温度,下雨时减少雨水冲刷,平时供市民休闲观赏的目的;使建筑物具有更好的空调能力等。	无

资料来源:哥本哈根市政府《Copenhagen Climate Plan》,http://www.kk.dk/sitecore/content/Subsites/CityOfCopenhagen/SubsiteFrontpage/LivingInCopenhagen/~/media/558FF07CE64041AE85437BB71D9EDF49.ashx。

二、英国模式:低碳社区

英国是低碳城市规划和实践的先行者。为了推动英国尽快向低碳经济转型,英国政府于2001年设立碳信托基金会[①],碳信托基金会与能源节约基金会联合推动了英国的低碳城市项目(Low Carbon Cities Programme,LCCP)。首批3个示范城市(布里斯托、利兹、曼彻斯特)在LCCP提供的专家和技术支持下制定了全市范围的低碳城市规划。城市规划重点在建筑和交通两个领域推广可再生能源应用、提高能效和控制能源需求,促进城市总的碳排放降低,各种措施的制定、实施和评估都以碳排放减少量为标准,同时强调技术、政策和公共治理手段相结合。

英国也重视低碳社区的规划和建设。始建于2002年的贝丁顿低碳社区,是世界自然基金会(WWF)和英国生态区域发展集团倡导建设的首个"零能耗"社区,成为引领英国城市可持续发展建设的典范,具有广泛的借鉴意义。

贝丁顿"零能耗发展"社区位于伦敦附近的萨顿市,该项目被誉为英国最具创新性的住宅项目。其理念是在不牺牲现代生活舒适性的前提下,使社区更加环保,更加节能。贝丁顿社区的"零能耗"具有两大特点:一是在设计建筑物时秉承节能原则;二是在消耗能源上选取内部的可再

① 碳信托基金(Carbon Trust)是英国政府于2001年设立的独立公司运营机构,其使命是通过与各方组织合作,降低碳排放,发展低碳技术,以促进英国的低碳经济转型(http://www.carbontrust.co.uk)。

生能源。[①]

贝丁顿社区通过以下三条途径来实现零能耗：

一是建筑节能。从规划的角度考虑，在冬天，建筑物向外散热会造成一定的热损失，因此，采用紧凑型格局可以在一定程度上降低这种热损失。对于建筑物的外部保温，设计者是这样做的：外墙和楼顶采用新型绝热外层，窗框采用不易导热的木材，窗户采用充氩气的三层玻璃，这些加起来就可以达到满意的效果。由于坚持零排放原则，设计者使用玻璃阳光房来代替空调对室内温度的调节作用。冬天，阳光房吸收太阳热量以提高室内温度；而夏天将阳光房打开变成敞开式阳台，利于散热。电动排风扇在通风换气的过程中，会消耗能源。因此设计者想到安装自然通风系统，借助自然风力，从而最大限度地降低热损失。

二是拒绝使用化石能源。社区采用热电联产系统为居民提供生活用电和热水。同时，该社区以可再生的木材为燃料。因为树木成长过程中吸收的二氧化碳，在燃烧过程中等量释放出来，整个过程实现了碳均衡。

三是低碳交通。为减少居民的驾车外出次数，社区内不光设有完善的生活配套设施，还设有办公区，一部分居民可以选择在这里工作。另外，为了减少居民的外出购买次数，公寓在每层都留出一片露台，作为居民的花园，花园中可以种植蔬菜和农作物。自行车以它健身、零碳排放的特点大受低碳一族的青睐，因此开发商在社区里专门建造了宽敞的自行车库和自行车道。电动车在节能减排行动中也能发挥重要的作用，因此社区在很多地方都设置了电动车免费充电站，鼓励居民使用电动车。同时，为降低每户居民的私家车拥有量，社区还专门成立了一个汽车租赁俱乐部，满足居民的远途出行需要。

三、美国模式：低碳城市行动计划

美国一直抵触《京都议定书》，但美国一直在探索如何低碳发展。2007年7月，美国参议院提出了《低碳经济法案》，表明低碳经济的发展道路有望成为美国未来的重要战略选择。在金融危机带来经济结构重

---

① 辛章平、张银太：《低碳社区及其实践》，《城市问题》2008年第10期。

组以及奥巴马政府策略的影响下，低碳、减排已成为美国大部分州政府的重要发展战略之一。美国的低碳发展政策发源于地方各州，通过区域合作提升影响力，才能进入联邦政府提案，逐渐扩展到联邦范围。当前的低碳发展区域政策主要分为东北、西部、中西 3 个范围。

西雅图市是全美低碳城市的典范。美国是全世界温室气体排放量最大的国家，西雅图是美国第一个达到《京都议定书》温室气体减排标准的城市。从 1990 年到 2008 年，西雅图市碳排放量减少 8%，低碳行动是他们成功的关键。西雅图形成了大企业带头，以西雅图气候合作项目为平台，城市各个部门共同参与的气候行动。主要包括以下内容：

一是公众参与。在西雅图市形成了市民重视和保护生活环境的优良传统，如西雅图的居民自愿将自己的房屋进行能源系统的改装，以提高能源效率。实施家庭能源审计，西雅图以较低的审计成本来计算家庭以及企业办公室的碳排放。

二是改善建筑和交通系统的能源效率。美国人特别爱使用汽车，如果市民居住地工作地方越远，能源消耗越多，碳排放就越高。所以西雅图市通过改善建筑物的能源和交通系统的效率，从而达到控制碳排放。比如波音公司正在研制一种生物燃料来替代航油，这样可以大大降低整个民航业的碳排放。

三是促进新能源产业的发展。积极改善电力供应结构，西雅图电力公司大量利用融雪等水利设施进行发电。利用可再生能源进行发电，替代以前的火电和燃油发电，另外还在华盛顿州东部地区投资风电厂，利用太阳能、地热、风能和潮汐能等可再生能源进行发电，促进技术的变革和创造就业机会。

四是第三方评估减排结果。为了评估整个城市到底减排了多少，西雅图政府每 3 年请第三方机构对减排结果进行评估，看是否达到了减排 7%的目标。

四、德国：弗莱堡示范式治理

弗莱堡位于德国南部，被誉为德国的环保“硅谷”和“欧洲太阳能之都”，是世界绿色运动的发源地，也是世界环境科学和太阳能研究的中心之一。早在 1986 年，弗莱堡政府就计划放弃核能，将太阳能作为城市的主要能源，并成立了德国第一个环境保护办公室。1992年，弗莱堡因其在环境科学方面的杰出成就，被评为“德国环境之都”。

早在环境问题还没有进入全球视野时，弗莱堡政府就已经将保护环境当做是政府的一项重要工作。其气候政策有三大支柱：节约能源、提高能效及运用可再生能源取代化石燃料。政府在制定和实施环境政策时，注重通过重点项目，甚至是建设示范区的方式，不断探索新的发展领域，稳步推进计划的实施。

弗莱堡在利用太阳能方面拥有丰富的实践经验。政府推出了大量重要项目，促进各类太阳能的应用，如太阳能光电板、太阳能热力（用于热水）、日光浴室或“冬景花园”、被动式太阳能设计、太阳能制冷、太阳能透明隔热（将多余太阳能的热量转化为有用的热能）。其中，比较典型的项目有1998—2003年开展的“十万太阳能光伏屋顶计划”，该项目得到了德国政府的补贴性贷款。截至2008年年底，弗莱堡太阳能光伏容量已经达到了9500kW(9.5MW)。

在发展示范区方面，弗莱堡的弗班区（Vauban）被誉为德国可持续发展小区的标杆。该区是距弗莱堡市中心3千米的一个南部小区，约60万平方米。原为法军军事基地，后经过政府改造，成为低碳节能的可持续发展小区。弗班区以住房合作社（co-housing project）制度闻名。弗班区所居住的2000户共5000位居民都是社区的拥有者和设计者。他们自行构成小组，向政府申请购买建筑用地，并严格遵循政府提出的高效节能理念设计和建造房屋，这样的房屋至少可以节能30%。社区还拥有自己的热电厂（以80%木屑及20%天然气为能源），良好的隔热及有效的供暖减少了约60%的碳排放。为打造低碳交通体系，弗班区提倡“生活不须有车”（减少35%车辆）的交通理念，提供各种替代的运输方式（如有轨电车）。为减少交通工具的使用率，弗班区还开辟了机动车禁驶区，区域中心建有基本的社会及商业设施，如市场和邻里中心，使居民能够在短距离内满足生活所需。而颇具特色的“弗班论坛”（Forum Vauban）则广泛发动民众积极参与各类气候项目，了解气候变化知识。同时，市政府通过“弗班论坛”推动“弗班区可持续发展模式计划”，在节能减碳、减少机动车的使用、社会整合及创造永续邻里等方面都相当成功。在政府的决策过程中，弗班区发展出一种“学习式规划”的模式，认为决策是一个逐步发展的过程。通过引导居民参与,不断调整和改进政策实施的方案,在全民参与的背景下实现政策的最优化。

五、日本模式:低碳社会行动计划

自从英国提出“低碳经济”概念以来,向低碳经济转型已经成为世界经济发展的大趋势。但能源节约基金会(Energy Saving Trust,EST)[①]认为,没有“低碳社会”就无法发展“低碳经济”。如果没有消费者的觉悟、支持和行动,政府将很难发布力度很大的气候变化目标。日本环境大臣咨询机构——中央环境审议会提出,低碳社会的基本理念是争取将温室气体排放量控制在能被自然吸收的范围之内,为此需要摆脱以往大量生产、大量消费又大量废弃的社会经济运行模式。日本政府与学者于2004年开始对低碳社会模式与途径进行研究,并于2007年2月颁布了《日本低碳社会模式及其可行性研究》,以日本2050年CO_2排放在1990年水平上降低70%为目标,提出了可供选择的低碳社会模式。并在2008年5月进一步提出《低碳社会规划行动方案》(*A Dozen Actions towards Low-Carbon Societies*)。

日本政府为了在全国范围建立低碳社会,2008年7月选定横滨、九州、带广市、富山市以及北海道下川町等6个之前积极采取措施、防止温室效应的城市,作为“环境模范城市”的试点,实施二氧化碳减排,以促进社会低碳化发展。其中水俣市和横滨市是典型代表,其经验大致如下。

第一,垃圾资源化。从20世纪90年代初起,水俣市就开始对环境的保护与改善做出了许多努力,在日本最早进行垃圾的彻底分类、削减的城市就是水俣市。其中,引导人们进行垃圾分类,并进行回收利用是最初也是较为成功的一个方面。为了实现垃圾的资源化,水俣市以市民为主体,一举制定了20种分类规定,改变了之前的按可燃垃圾和不可燃垃圾的简单分类。随后,水俣市通过了国际环境管理体系认证,并且不断扩大环境保护举措,建立水俣市市民版的环境制度。同时,水俣市通过

---

① 能源节约基金会(EST)是促进节约能源的一个非营利性组织,由英国政府和私营部门资助,于1992年里约热内卢全球峰会后成立,主要应对全球气候变化带来的影响。基金会的职责是与消费者、政府、第三部门和社区等合作,推动能源的高效和可持续利用,推广使用清洁能源的交通工具,协助可再生能源的生产和应用,从而降低CO_2排放。

建设环保园区，聚集了专门的企业，对回收的易拉罐、生活垃圾、建筑垃圾以及废油等进行回收再利用。正是由于水俣市在垃圾资源化取得的成功，2003年起横滨市计划的G30计划（G是垃圾“Garbage”的开头字母，30是一个目标值，表示在2010年度前，将垃圾排放量与2001年度相比，减少30％）。分别具体规定了市民、企业、政府各自的应尽义务，其中政府负责制订计划和宣传推广，所以，横滨市政府将之前的垃圾分类由5大类7个品种扩大为10大类15个品种，并举办了1万次以上的说明会，在社区积极推进削减垃圾和废物利用活动，要求市民对垃圾进行彻底分类。同时企业负责对回收垃圾进行开发利用。

第二，发展可再生能源，提高能源使用效率。除了G30之外，横滨市还大力开发可再生能源，如2007年开始投产的“滨翼”风力发电站，其发电能力相当于大约860户一般家庭的年用电量。其投入运转后，大约每年可以减少1100吨的二氧化碳排放。在2025年之前，通过实施“横滨绿色能源项目”，将化石燃料的能源消费量的10％转换为使用可再生能源。另外，横滨市还提高发电、城市燃气制造部门的能源使用效率，积极扩大环境负荷较小的新型能源技术的引进、供给和消费，推动新能源措施和节能措施。

第三，建立低碳交通体系。除了一般意义上的推广公共交通，加强交通管理来减低环境负荷外，横滨市开展“零排放交通项目”，即鼓励低公害、低耗油车辆的使用。其中，“零排放交通项目”还与日产汽车公司合作，构建包括普及电动汽车在内的新一代交通系统计划。

第二节　国内低碳城市建设的探索

在我国，低碳城市理念已于近几年蓬勃兴起并在全国范围内出现低碳城市建设热潮。自2008年年初，国家建设部与WWF（世界自然基金会）共同确定上海和保定作为中国低碳城市发展项目（Low Carbon City Initiative in China，LCCI）的两个试点城市。“低碳城市”成为中国城市自“花园城市”“人文城市”“魅力城市”“最具竞争力城市”……之后的最热目标。2010年8月国家发改委下发通知，确定在五省八市开展低碳试点工作，五省包括广东、辽宁、湖北、陕西、云南；八市包括天津、重庆、深圳、厦门、杭州、南昌、贵阳、保定。2012 年 11 月，国家发改委公布了北京市、上海市、海南省和石家庄市、秦皇岛市、晋城市、呼伦贝尔市、吉林市、大兴安岭地区、苏州市、淮安市、镇江市、宁波市、温州市、池州市、南平市、景德镇市、赣州市、青岛市、济源市、武汉市、广州市、桂林市、广元市、遵义市、昆明市、延安市、金昌市、乌鲁木齐市等 29 个城市和省区成为我国第二批低碳试点。表 2-2 列举了国内典型城市和地区提出的低碳理念和已经采取的行动。

表 2-2　国内低碳城市发展探索

城市/地区	理念与目标	规划与行动
上海	低碳商业区、低碳产业区和低碳社区	世博会低碳建筑、崇明岛的碳中和规划、临海新城太阳能光伏发电示范项目
保定	低碳城市、“中国电谷”、“太阳能之城”	出台《保定市关于建设低碳城市的意见》，明确节能减排目标；鼓励太阳能光伏设备生产企业的发展，启动公共照明和高速公路的太阳能照明工程
杭州	低碳产业、低碳城市	“六位一体”低碳交通，提倡低碳出行，启动公共自行车交通系统，已有 2800 多辆自行车免费向市民和游客出租
珠海	低碳经济示范区	推动液化天然气公交车和出租车投入使用
天津	中新天津生态城	绿色建筑、绿色交通、新能源开发利用
南昌	低碳经济先行区	围绕太阳能、LED、服务外包和新能源汽车进行低碳产业定位，打造三大经济示范区
贵阳	生态低碳避暑社区	生态城市城市轻轨系统建设、LED 节能照明试点项目
重庆	低碳产业园	地热能利用，将投资建设低碳研究院
无锡	低碳城市	建设低碳城市发展研究中心
苏州	低碳示范产业园	以节能环保为中心的产业结构升级
厦门	低碳城市	LED 照明、太阳能建筑、能源博物馆

资料来源：根据新闻报道和相关文献整理。

一、保定：中国低碳城市建设的先行者

保定市地处北京、天津、石家庄三角中心地带，有 3000 多年的悠久历史，是尧帝的故乡，是中国历史文化名城、中国优秀旅游城市。2006 年实

施了“保定·中国电谷”战略；2007年启动“太阳能之城”建设和开展“蓝天”“碧水”“固碳”等城市生态建设；2008年被世界自然基金会确定为中国低碳城市发展项目试点城市，在全国率先拉开建设低碳城市的序幕。2010年，该市在国家实施的“五省八市”低碳城市试点建设中成为唯一的地级市，低碳城市建设创造了两个第一：中国第一个公布二氧化碳减排目标的城市（2020年比2005年单位GDP减排51%），第一个着手制定低碳城市发展规划的城市。

1. 科学选择低碳产业

保定的“低碳城市”建设首先发端于战略性新兴产业的选择。保定位于河北省中部，地处京、津、石三角腹地，素有“首都南大门”之称。作为大北京都市圈和环渤海经济圈的重要结点，保定肩负着维护京津生态安全、保护白洋淀以及农副食品供给的重大责任。保定既不能为了发展而牺牲环境，也不能为了保护环境而放弃发展，就要进行恰当的产业选择和生产、生活方式的选择，彻底舍弃高消耗、高污染、粗放型的增长方式。保定市低碳经济的发展特色是“中国电谷”和“太阳能之城”的建设，大力发展新能源制造业，在工业文明和生态文明之间开辟一条“绿色通道”。

(1)“中国电谷”的发展。保定市借鉴美国加州“硅谷”的发展模式，提出了建设“保定·中国电谷”的概念，依托保定国家高新区新能源及能源设备产业基础、区内的国内外龙头企业（英利、天威、风帆等），致力于打造光伏、风电、输变电设备、高效节能、新型储能、电力电子器件、电力软件及电力自动化七大产业园区。不仅培育出170多家优势企业，还建起了太阳能光伏发电设备、风力发电设备两个国家实验室，3个国家级企业技术中心，4个省级技术中心，形成国家标准80项，行业标准94项，科研成果300多项，专利1086多项。通过几年的努力，保定“中国电谷”建设取得显著成效，新能源产业销售收入由2005年的60亿元增长到2011年的453亿元，增长6倍多，初步形成了光电、风电、节电、储电、输变电和电力电子六大产业体系，成为世界级的新能源设备制造业集聚区。“中国电谷”的建设将创建以循环型、可持续发展型、节约型经济为内涵的区域创新型模式，有利于推动保定市产业结构优化升级，有助于保定市低碳经济的发展。

(2)“太阳能之城”的建设。2007年启动“太阳能之城”工程。按照该规划,“太阳能之城”的建设内容主要包括光伏—LED及LED其他产品的推广应用,建筑领域太阳能照明、热水供应、取暖,太阳能独立光伏应用系统的推广等方面的综合利用,建设节能环保型城市,惠及所有市民。目前,全市建筑、园林、景区等领域的太阳能改造已完成投资接近10亿元。一大批学校、医疗单位、酒店自筹资金完成太阳能应用改造。在保定,从各路口闪烁的太阳能交通信号灯,到遍布各广场的景观灯,从市民家用的太阳能热水器,到太阳能手电、太阳能收音机、太阳能手机充电器,绿色产品广泛应用。通过这些太阳能工程应用,保定每年可节电2100万千瓦时,折标准煤6720吨,减排二氧化碳1.7万吨。

2. 实现低碳创新型发展

创新是经济社会发展的强大动力,也是低碳经济发展的动力,保定在推动低碳城市建设过程中,突出了三个创新:

(1)研究创新。成立了由国内低碳领域知名专家学者任顾问、保定市主要领导参与发起的“保定市低碳城市研究会”,组成了我国首个“低碳城市规划与建设研究组”。研究组专家团队部分成员有建设部、国土资源部信息中心、中国城市规划设计研究院、国家林业局规划院、中国林业科学院、中国农业科学院、中国科学院高能所等国家级科研院所的高级研究人员,并推出了《低碳城市规划提纲》。《提纲》背景部分包括五章:碳循环研究、碳通量研究、碳储量研究、碳交易研究、纳入国家规划;《提纲》行动部分包括六章:研究低碳城市内涵、构筑低碳体系,研究低碳城市规划、创意城市形态,研究低碳城市建设、发展低碳经济,重视“自然碳汇”、建设绿色城市,建立城市空间数据库、使低碳定量化,应用空间遥感技术、使低碳数字化。通过对低碳城市的创新研究,进一步强化对低碳理念的认识。

(2)目标创新。保定市以入选全国首批低碳城市建设试点市为契机,提出“城市经济以低碳产业为主导,市民以低碳生活为理念和行为特征,政府以低碳社会为建设蓝图”的发展战略,确立了打造新能源产业基地的发展目标,实施了“中国电谷”“太阳能之城”等六大工程建设项目。

(3)技术创新。保定市在城市发展的理念和目标创新的同时,把推广应用新型能源、发展壮大能源设备制造产业和降低二氧化碳排放强度作为建设低碳城市的突破口和重要抓手，并且大力推动低碳产业的技术创新。保定市从2006年就提出了打造“中国电谷”的发展规划，不仅培育出170多家优势企业，还建起了太阳能光伏发电设备、风力发电设备2个国家实验室，3个国家级企业技术中心，4个省级技术中心，形成科研成果300多项、专利1086多项，创下了第一片大功率叶片，第一台大型风机逆变和控制系统等几十项全国第一，自行设计建设了国内唯一的光伏电站式五星级酒店。

3. 推动低碳城市生活

保定注重低碳文化与“保定品位”的建设，在2008年政府出台的《关于建设低碳城市的意见(试行)》中，就提出要践行低碳理念，发展低碳经济，建设低碳城市，把低碳理念融入经济发展、城市建设和人民生活之中。保定的低碳城市生活彰显了三个特色：

(1)让新能源支撑发展、融入生活、承载未来。保定市把推进城市面貌三年大变样，作为事关全局、重中之重的战略任务。按照城市建设上水平、出品位、生财富的要求，把全面提升“保定品位”作为城市建设发展的主攻方向，在建设低碳保定的框架下，不仅在产业上做好对接，在生活和消费上也要求做好对接。保定市还印制了“低碳城市家庭行为手册”，它告诉市民生活中应注意什么，怎样减少碳排放。比如，鼓励乘坐公共交通工具出行或以步代车；低碳教育正在“从娃娃抓起”；引导采用节能的家庭照明方式、科学合理使用家用电器等。

(2)以低碳精神引领社区建设。第一，积极推广清洁能源，实行小区太阳能热利用改造。2010年前完成试点，2015年全市小区屋面全部安装太阳能板，24小时统一供应生活热水。第二，大力推广和鼓励节能建筑，减少使用煤炭燃料。节能建筑设计标准为节能50%～60%，冬季供暖采用保定大唐热力集中供热方式。对满足节能50%标准要求的建筑，由市建设局颁发“保定市节能居住建筑认定证书”给予优惠供热价格。第三，节约使用电力能源。积极推广建筑照明节能技术与产品，全部使用节能变压器，并配有电容补偿柜，提高了功率因数。电梯为节能型永磁同步曳引机。使用节能灯，避免长明灯，亮度适宜。楼道公共照明采用人性化的声光控开关，庭院灯根据季节和天气定时开关，夜间12时以后采用减半照明。第四，积极倡导物品多次使用。如“新一代C区”社区各种公共卫生设施配备齐全,保持完好,无卫生死角,小区主路上设有分类垃圾桶,实行垃圾分类收集,定点、定时清运,无焚烧垃圾的现象。第五,积极进行小区绿化,努力缓解气候变化。

(3)以舆论宣传引导低碳生活。保定市借助被世界自然基金会列为全国首批低碳试点城市的契机,将节能减排和建设低碳城市宣传作为重大主题开展宣传活动,加大对外宣传力度,在全国范围内树立"低碳保定"的形象。利用主要新闻媒体进行系列报道,刊播低碳城市建设公益性广告,形成了政府引导,重点工程示范,企业与居民广泛参与的"低碳保定"建设格局。

二、上海:打造三大低碳示范区,以示范区为发展低碳城市突破口

作为长三角地区核心城市,以及世界自然基金会"中国低碳城市发展项目"的试点城市,上海市以工业、交通、建筑、可再生能源、碳汇五个领域为重点发展方向,借助"低碳世博"的历史发展机遇,发挥其后续效应,注重相关低碳技术、低碳设备、低碳理念的利用、推广和传播,推进低碳城市建设。"十二五"期间,上海市将建成崇明、临港和虹桥商务区3个低碳示范区。

1. 崇明:建现代化的生态岛

崇明县位于上海北部、长江的入海口,由崇明岛、长兴岛和横沙岛组成,三岛陆域总面积1411平方公里。把崇明建设成为现代化的生态岛,体现了国家战略、上海使命、崇明愿景的高度统一,是崇明科学发展的必由之路,将为上海更好地实施国家战略,进一步完善城市综合功能、提升综合竞争力,实现"四个率先"创造条件。2002年,崇明被原国家环保局正式命名为国家级生态示范区。2004年7月,中共中央总书记、国家主席胡锦涛在崇明视察工作时,充分肯定了崇明建设生态岛的功能定位。

崇明生态岛将在三个方面进行低碳实践:低碳社区建设,引进全国乃至全世界最先进的技术,运用到当地建筑、交通、能源、资源循环技术等各领域;发展低碳农业,使岛上80万亩农田实现现代化;探索新型旅游发展方式,在岛上引入交通诱导系统、降低私家车比例,提高新能源轿车的使用率,使崇明成为"绿色旅游"的榜样。

到2020年,崇明生态岛建设主要评价指标是:建设用地比重

13.1%；占全球种群数量1%以上的水鸟物种数≥10；森林覆盖率达28%；人均公共绿地面积15平方米；生态保护地面积比例83.1%；自然湿地保有率达43%；生活垃圾资源化利用率达80%；畜禽粪便资源化利用率>95%；农作物秸秆资源化利用率>95%；可再生能源发电装机容量20万～30万千瓦；单位GDP综合能耗0.6吨标准煤/万元；骨干河道水质达到Ⅲ类水域比例95%；城镇污水集中处理率达90%；空气污染指数达到一级的天数>145；区域环境噪声达标率为100%；实绩考核环保绩效权重25%；公众对环境满意率>95%；主要农产品无公害、绿色食品、有机食品认证比例90%；化肥施用强度250公斤/公顷；农田土壤内梅罗指数−0.7；第三产业增加值占GDP比重>60%。

2. 临港新城：建低碳、宜居的城市

临港新城位于上海长江口与杭州湾的交汇处、上海市版图的最南端，规划面积296.6平方公里，因坐拥洋山深水港而得名。临港新城是上海市委、市政府加快上海“四个中心”（国际经济、国际贸易、国际金融和国际航运中心）建设的主体工程之一，它对于上海拓展城市发展空间、优化城镇布局和功能，具有举足轻重的作用。

新城总体规划城区内骨干水域用地达10.8%，绿化覆盖率超过40%，形成三环分设的空间布局，以5.56平方公里的城市景观淡水湖“滴水湖”作为其城市地标，加之240多种野生鸟类迁徙的南汇东滩湿地，构成得天独厚，生态宜居的生态资源新城。这里不仅有产业，更被赋予低碳、宜居的重要城市建设定位要求。通过建立和完善低碳发展的政策框架，临港新城将建立若干低碳社区、低碳产业园区等低碳发展的实践区，大力发展高端制造业、港口服务业等低碳产业，促进低碳技术的集成应用，走一条低碳发展之路，为上海建设低碳城市探索新的发展模式，这已成为临港新城新的历史使命。

在能源利用方面，目前在临港新城，太阳能发电成为时尚。坐落于临港新城的上海通用电气临港重型机械装备公司办公楼，2500平方米的屋顶全部安装上了太阳能光伏发电设备，这也是目前国内最大的楼宇太阳能发电装置。同时，在上海电气起重运输机械厂有限公司联合厂房的屋顶，还建有目前国内单幢建筑屋顶上最大的太阳能光伏商业电站，已并网发电。

未来临港新城将实现智能化管理，通过加强生态管理、推广节能建筑、建立智能交通、打造低碳社区等途径，探索临港新城的新型城市化道路。

3. 虹桥：建上海首个低碳商务社区

根据《虹桥商务区核心区城市设计》，虹桥商务区核心区总体面积3.7平方公里，其城市设计强化空间形态、功能业态的结合，强化对公共空间和建筑单体形态控制及建筑标准的确定，探索土地供应中带方案出让的操作模式，充分发挥交通枢纽和商务功能的集聚整合作用，突出低碳设计和商务社区的规划理念。虹桥商务区建设将从技术、设备、制度等方面全方位推进低碳化发展，探索高度城市化地区和服务业集聚区的低碳发展模式，将商务区建设成为功能多元、交通便捷、空间宜人、生态高效、具有较强发展活力和吸引力的上海市第一个低碳商务社区。

商务区城市设计贯彻落实以人为本和可持续发展的思想，充分发挥交通枢纽和商务功能的集聚整合作用，着眼长远，面向未来，突出低碳设计和商务社区的规划理念。虹桥商务区低碳设计理念主要表现在：在城市空间布局上，通过小街坊、高密度、低高度的空间形态创造步行化的环境、适宜节能的建筑群体；交通组织上，通过功能混合布局减少长距离出行，通过多样化的公共空间增强可行走性，鼓励步行交通及自行车交通，促进公共交通，减少私人交通；在能源利用上，利用新能源、可再生能源，尽可能利用近距离输送，提升能源的利用效率；建筑设计上，强调建筑材料、建筑物的遮阳及外保温，屋顶绿化、建筑自然通风等。商务区未来管理模式是实现业态、形态和生态的“三位一体”。

三、杭州：坚持六位一体，打造低碳杭州

多年来，杭州始终坚持环境立市，走低碳、高效、和谐发展之路。杭州于2009年率先出台了《关于建设低碳城市的决定》，于2010年成为国家低碳试点城市，目前已建立低碳规划、指标体系和行动计划在内的强有力推进机制，并形成了“六位一体”打造低碳经济、低碳建筑、低碳交通、低碳生活、低碳环境和低碳社会的良好局面。

1. 以发展低碳产业作为建设低碳城市的根本路径

2008年杭州市委十届四次全会确立“3+1”杭州产业体系模式，坚持优

先发展现代服务业，突出文化创意产业发展，加快形成“三二一”现代产业体系，引领杭州低碳城市建设。2011 年三次产业比重为 3.3∶47.4∶49.3，已形成以服务业为主体的产业结构。同时，杭州围绕着优化产业布局来推进市区工业企业搬迁，推动工业企业向开发区、工业园区集聚，“十一五”时期单位 GDP 能耗累计下降 20.6%，达到 0.68 吨标准煤，低于全国平均水平，初步形成了以低碳产业体系为核心的经济结构。杭州将加快老城区“退二进三”步伐，为老城区发展高新技术产业提供更多的空间；围绕提高资源利用效率，大力推行清洁生产，发展循环经济，发展新能源产业，开发绿色产品。到 2020 年，力争全市服务业增加值占生产总值比重达到 60%以上；文化创意产业增加值占生产总值比重达到 18%以上；高新技术产业增加值占工业增加值比重达到 35%以上，打造一批二氧化碳“零排放”企业，全面推广低碳技术和低碳产品。

2. 以低碳建筑为低碳城市建设的基础要件

杭州从 2005 年起推动“绿色建筑”的创建试点，逐步扩展到对所有新建住宅、工业及商务建筑，从建设、设计、监管环节进行建筑节能“绿色评级”。建立低碳建筑技术支撑体系，研发应用太阳能、热泵等技术对既有建筑实施分期节能改造。实施城市“屋顶绿化”计划，开展“阳光屋顶示范工程”“金太阳示范工程”，从 2012 年起，所有新建住宅和房地产市场上销售、出租或建造中的商品房，必须事先领取节能等级证书。2009 年至 2013 年，杭州市实施了 50 万平方米的“阳光屋顶”，充分利用公共建筑、工业建筑、住宅建筑、公共设施，推广光伏发电应用，建成全国首个兆瓦级屋顶光伏并网发电项目。今后将从优化建筑设计入手，推广低碳技术应用，健全房屋健康节能档案，力争到 2020 年实现所有新建住宅碳“零排放”。

3. 以低碳交通为低碳城市建设的突出重点

杭州将致力于构建一个由地铁、公交车、出租车、水上巴士、公共自行车形成的组合式公共交通网络，实现“同台换乘”，打造低碳化城市交通系统。坚持“公交优先”，建设快速公交系统，构建地铁、公交车、出租车、水上巴士、免费单车“五位一体”的大公交体系。加快市区道路综合整治，完善“三纵五横”城市路网体系，推进智能化交通及设施建设。实施“错峰限行”，严格执行机动车低排放标准，加强机动车污染源头治理。

同时，深入开展无车日和“绿色出行”主题宣传活动，实现公共交通工具“零距离换乘”，争取居民绿色出行比例达到35%以上。进一步完善“免费单车”服务系统，加快建设自行车专用道特别是市区河道慢行交通系统，使“免费单车”真正发挥大公交体系的纽带作用，成为杭州建设低碳城市的最大亮点。

4. 以倡导低碳生活(消费)方式为构建低碳城市的内在动力

通过向公众普及低碳知识，鼓励多步行、骑自行车、选用公共交通工具出行，积极参与节电、节水、节约能源资源等活动，实行生活垃圾分类投放、处理等，强化低碳意识和低碳理念，推动形成低碳生活方式。同时，引导餐饮业推出“低碳饮食”，如不使用一次性餐具和倡导素食；鼓励宾馆采纳“绿色酒店”概念，减少一次性物品的使用以及旅游业“低碳旅游路线”的推出等，通过对公众和企业的引导，使低碳理念和生活模式被越来越多的人所接纳。如今，绿色消费、低碳生活逐渐成为杭州市民的自觉行动，64%的市区生活小区实现垃圾分类处理。“十二五”期间，杭州将大力推行碳足迹计算，启动个人“碳中和”行动计划，开展“万户低碳家庭”示范创建和节能减碳全民行动，促进人们衣、食、住、行、用向低碳模式转变。特别是2012年7月18日正式开馆中国杭州低碳科技馆，坚持“生态、节能、减碳”，不断丰富展示内容、提升展教水平、完善各种服务、积极开展国际交流与合作，打造成低碳科技普及中心、绿色建筑展示中心、低碳学术交流中心和低碳信息资料中心，充分表现杭州打造低碳城市的理念。

5. 以生态环境为低碳城市建设的目标取向

杭州在实施新一轮城市总体规划中，大力倡导“让森林走进城市、让城市拥抱森林”，打造城市森林体系。在主城、副城、组团之间构建2200平方公里的六条生态带。实施西湖、西溪、运河以及市区291条河道综合整治与保护开发，城市水系互相贯通，水质明显改善。编制实施《生态文明建设规划》，推进主要污染物减排、水环境和大气污染防治，2011年空气质量优良天数达到333天。实施垃圾清洁直运，城镇生活垃圾无害化处理率达到100%。“十一五”期间，累计投入生态建设专项资金约35亿元，完成主要污染物总量削减目标任务，化学需氧量和二氧化硫排放量分别比2005年下降16.65%和17.79%，群众对环境保护满意度明显提高。“十二五”期间，杭州将加快建设城市生态廊带，增强森林湿地固碳能力，开展钱塘江、富春江、新安江“三江两岸”景观保护与生态整治，实施PM2.5监测，强化灰霾治理，全面完成环境保护、节能减排和生态市建设阶段目标。

6. 以低碳社会运行体系为建设低碳城市的根本保障

杭州坚持“紧凑型城市”发展理念，加快建设江南、临平、下沙三个副城和塘栖、良渚、余杭等六大组团，推动产业和人口向副城、组团、新城集聚。开展低碳示范社区创建活动。开展低碳农村试点乡镇建设，建立市域生态补偿机制，设立每年不少于5000万元生态建设专项资金。“十二五”期间，杭州将推进低碳市场化机制建设，筹建低碳产业创业基金，开展低碳家庭和低碳社区的试点，使杭州低碳生活风尚的树立，低碳社会的建设走在全国前列。

四、厦门：先行先试打造低碳家园

厦门是中国改革开放的窗口，也是建设宜居生态城市的示范区，发展绿色经济的领航区。特区建设以来，厦门市立足于地域小、资源（能源）缺乏等基本市情，自觉地把可持续发展和科学发展理念贯穿于经济社会发展全过程，高度重视节能减排、发展循环经济，推进经济社会与生态环境同步协调发展，为低碳城市试点打下了坚实的基础。厦门是全国首批低碳试点城市，在低碳建筑、新能源开发、节能减排等方面都进行了有益的探索，取得了一定的成效。

1. 注重“低碳”的机构、法规建设和规划布局

2010年成立厦门市低碳城市试点工作领导小组及其办公室，形成政府牵头，各部门分工协作，全市上下共同推进的工作机制。从2002年开始，先后出台《关于发展循环经济的决定》（2005年）、《厦门市发展循环经济建设节约型城市的工作意见》（2005年）、《厦门市固定资产投资项目节能评估和审查暂行办法》（2008年）、《厦门市节约能源条例》（2008年）等一系列政策法规，完善低碳发展的规划法规体系，编制《厦门市低碳城市试点工作实施方案》，出台实施《厦门市绿色建筑评价标识管理办法》，从制度层面上规范政府、企业、公众的行为。低碳城市工作全面纳入厦门“十二五”发展规划，将低碳发展目标作为约束性指标纳入厦门市国民经

济和社会发展“十二五”规划指标体系，编制完善低碳城市发展专项规划。

2. 注重产业发展低碳化

厦门市多年来坚持高技术、高效益、低能耗、低污染的产业发展之路，工业内部结构不断向高端和节能方面升级，电子、机械、化工等支柱产业明显提升，光电、电子信息、生物与新医药、新能源等低碳工业发展迅速。2011年万元工业增加值能耗0.41吨煤，在全国处于领先水平，被评为首届“全国十大低碳城市”。

(1)以科技为支撑，有效转变发展方式。加快产业结构调整，推动传统产业升级换代，支柱产业从过去的机械、电子、化工逐步发展转变为机械、电子、航运物流、旅游会展、金融与商务、软件与信息服务。2011年，厦门市高新技术企业665家，占福建省一半，创造全市规模工业产值的50%。推进高新技术产业发展，厦门建设我国第一个光电产业集群，大力推动低碳技术研发，在新能源客车、新能源照明、新能源电子、智能电网建设等方面走在全国前列。

(2)以创新为动力，有力推动产业提升。加快发展战略性新兴产业，重点培育新一代信息技术、生物与新医药、新材料、节能环保、海洋高新产业等，提升视听通信、钨材料、新能源等国家特色产业创新能力。厦门市大力开展减碳技术创新，已拥有含银固体废物综合开发技术、钨废料回收利用等多项达到国际先进水平的自主知识产权。拥有国家第三海洋研究所、中科院城市环境研究所、厦门大学新能源中心、海洋环境国家重点试验室等研究机构，在海洋碳汇、微藻固碳产油、细菌产氢、醇醚酯化工清洁生产、城市环境等低碳领域形成了一批较高水平的研究成果。

(3)以产业链为延伸，推动资源节约利用。厦门市正在以龙头企业引领，培育产业链，建设产业集群，推动传统产业升级、新技术产业化、高技术规模化，构建低碳化产业体系。厦门是我国节能灯三大生产基地和全国首批“半导体照明工程产业化基地”，是国内LED外延片芯片生产的最大基地，形成从外延、芯片到封装、应用产品的较为完整的产业链，产业化及技术水平居全国前列；由此延伸的光电产业、光伏产业等，聚集为我国最大的光电产业链。厦门金龙客车作为国内新能源汽车的先行者，新能源客车出口位列全国客车行业前列，厦门正在建设以金龙为龙头的新能源客车产业链、以厦工为龙头的绿色工程机械产业链、以象屿为龙头的物流绿色供应链,从而推动资源利用的减量化、再利用和资源化,实现节约利用、有效利用。

(4)以园区为平台,推动低碳高效发展。厦门工业企业基本都实现园区化,现已形成火炬高技术产业园区、国家半导体示范基地、机械工业集中区、轻工食品工业区等特色园区。未来将进一步优化产业空间布局,统一规划建设集中供热(冷)、集中处理"三废"、集中原材料配送,集中公共基础设施配套,提高资源利用效率,使企业、产业、集群实现资源的综合利用、循环使用,成为绿色供应链和产业链。厦门对新园区建设坚持高标准、低碳建设,在环境设计、综合管理、清洁生产方面提出明确的要求,湖里高新区、厦门软件园等都成为低碳园区。目前,厦门正在翔安区建设我国第一个高标准的低碳产业园区,构建低碳产业创新体系,推进低碳技术研发产业化。大力发展循环经济。积极做好国家循环经济示范试点和国家首批"两型"企业标准化试点工作。探索循环型生态园区、区域循环经济发展模式;完善多层次的资源循环利用系统,推进清洁生产审核工作的深入开展。

3. 推进城市建设低碳化

在注重推进产业低碳化的同时,厦门市注重推进城市建设低碳化,建设宜居城市。结合厦门市"统筹城乡发展,加快岛内外一体化建设"的发展战略目标,抓住特区扩大到全市的机遇,推进城乡一体化,建设集美新城、海沧新城、同安新城、翔安新城等组团,启动低碳生态新城规划,因地制宜,设立低碳示范区,通过统一规划,按照绿色建筑标准进行设计和建设。通过建设全国首个无线城市,推进国家三网融合试点城市建设。预计2015年将建成覆盖全市、有线无线结合、高速互联、安全可靠的融合性网络,实现城市管理低碳化。厦门正在实施改善生态环境的五大工程:中心城区绿化、生态风景林、绿色景观生态长廊、绿色村庄、森林生态休闲建设,提高碳汇能力。预计2015年,森林覆盖率将达到42%,人均公共绿地11.5平方米。

4. 倡导生活方式低碳化

厦门市还推行绿色交通和智能交通,倡导低碳出行,推进生活方式的低碳化。目前,厦门市大力发展BRT(快速公交)等大运量、集约节能的交通方式，优化城市路网和公交线路建设，常规公交、快速公交和农村客运线等公共交通方式的出行比例达到31%。2015年，厦门将建成三条城市轨道交通覆盖全市。厦门还在全市规划了慢行交通系统，鼓励步行、自行车等慢行交通方式。全市通过垃圾分类收集、综合利用，构筑生活垃圾综合处理及资源再生利用的产业链。东孚垃圾卫生填埋场填埋气体利用工程项目，是全国首家引入民间资本并进行清洁能源机制运作的项目，年发电量1600万千瓦时。厦门是全国唯一做到污泥全部安全处置的城市，目前年污泥产生量为13.79万吨，其中，三分之二采用污泥深度脱水技术将含水率降至60%以下，用于园林绿化和填埋，三分之一用于焚烧和制肥。通过推广建设中水回用系统，实现生活用水多次利用和中水浇灌绿地的循环使用良好习惯。新型清洁能源在社区普遍得到推广和应用。

第三节　国内外低碳城市建设的经验与启示

从国内外低碳城市的发展情况看，随着人类生产和生活造成的能源安全和全球变暖问题引起了全球的广泛关注，旨在降低人类活动造成的碳排放的“低碳”发展模式在世界范围内得到普遍的认同，“低碳”发展理念已深入人心。西方发达国家的城市在推进低碳发展中取得了显著成效，中国在全球减少温室气体排放的行动中扮演着日益重要的角色，我国在低碳城市的理论和实践方面也积累了不少的经验。我们需要积极借鉴国内外经验，大力推动低碳城市建设和解决国内能源资源环境问题，积极应对国际气候变化。

一、国内外低碳城市建设的经验

1. 政府在低碳城市发展中扮演着重要的角色

气候变化影响到全球的政府治理结构的变化。低碳城市目前已成为世界各地的共同追求，很多国家都在积极建设和发展低碳城市，关注和重视在经济发展过程中形成低碳高增长的发展模式，以最小的代价实现人与自然的和谐相处。国际国内经验表明，政府在低碳城市发展中扮演着重要的角色。

(1)加强立法,依法推进低碳城市建设。从国际范围来看,发达国家都重视依法推进低碳城市建设。低碳城市建设相关的立法保障大多分散在能源保障和能源安全、应对气候变化、发展循环经济等相关领域立法中。

以美国为代表的国家侧重将低碳城市建设与应对能源危机相关的立法。美国早在1990年就开始实施《清洁空气法》,布什政府期间,美国有两部重要的能源法案与低碳城市建设相关,一个是2005年颁布的《能源政策法》(EPACT:Energy Policy Act of 2005),另一个是2007年颁布的《能源独立安全保障法》(EISA:Energy Independence and Security Act of 2007)。2009年1月20日,奥巴马总统发表美国能源与环境计划,宣称今后10年对绿色能源领域投资1500亿美元,逐步提高可再生能源在电力供应中所占比例,同时,实行温室气体总量管制与排放权交易制度,到2050年使温室气体削减80%。2009年2月17日,奥巴马政府颁布《美国复苏和再投资法案》(ARRA:American Recovery and Reinvestment Act of 2009),实施总额为7872亿美元的经济刺激政策,其中大约580亿美元投入到环境与能源领域。一系列法律法规的颁布,为美国各个行业制定了严格的产品能耗效率标准与耗油标准,美国低碳经济发展提供了法律支持。

以英国、日本为代表的国家侧重将低碳城市建设与应对气候变化相关的立法。2008年11月,英国议会颁布《气候变化法案》,法案承诺英国将在2050年将温室气体排放量在1990年基础上减少80%,并确定了今后五年的"碳预算"。1998年10月,日本国会颁布了《地球变暖对策推进法》,规定日本每年计算并公布全国的温室气体排放量,同时要求政府机构和事业团体分别制订自身的控制温室气体排放的行动计划,并对外公布实施状况。2008年6月,日本国会通过了《地球变暖对策推进法修正案》,提出了更加积极的应对措施。

(2)政府规划,以项目管理的形式推进。我国地方城市政府非常重视在城市规划(包括城市更新和新城建设)中把低碳城市的建设和发展观念加以考虑,把"城市化和低碳化"成为城市建设中的新的定位和目标。许多城市规划都改变过去以经济发展为主要目标的指导原则,以自然的生态环境及区域性负载容量为依据，保持生态平衡，资源节约，制定出了符合自身发展的规划和目标，对低碳城市及相关产业予以倾斜，指明了工作重心和思路。例如：保定市提出了2020年比2005年单位GDP减排51%的减排目标，并正从城市生态环境建设、低碳社区建设、低碳化城市交通体系建设等方面入手。

西方发达国家政府高度重视低碳城市的建设，从战略层面制定中长期发展规划，为低碳城市建设和发展设定目标和方向，同时以项目制定与管理，为低碳城市建设进行具体部署和指导，以此积极推进城市的低碳化发展。2009年7月，英国政府发布了《低碳转型发展规划》，在世界上首次采用了"碳预算"，要求英国到2020年温室气体排放总量在2008年水平的基础上减少18%，即相当于在1990年排放水平的基础上减少34%。2008年6月，日本首相福田康夫提出新的防止全球气候变暖对策，即"福田蓝图"，提出到2050年日本的温室气体排放量比目前减少60%～80%。2008年7月，日本内阁会议通过了依据"福田蓝图"制订的"低碳社会行动计划"，提出了数字目标、具体措施以及行动日程。

为了让这些计划能够得以实现，需要辅之以具体的发展项目。从世界范围来看，建筑、交通和资源综合利用与循环利用是低碳城市建设的重点内容。在建筑领域，以在住宅、办公大楼、工厂和公共基础设施建筑中导入太阳光利用、绿色家电、节能改造等为重点，包括引入智能电网和智能电表分布，对现有信息通信系统进行改造等；在交通领域，包括发展电动汽车、完善充电等基础设施、普及环保交通工具、研发新一代汽车材料、建设低碳型交通基础设施等；在资源综合利用和循环利用领域，包括开发"城市矿山"、"城市油田"、建设高效率水循环系统、促进资源回收和再利用等。

2. 建立政府主导、企业配合、公众积极参与的治理模式

发展低碳城市既不是简单的市场行为，也不可能是完全的政府行为，而是政府、企业、公众三方主体相互影响、相互作用、共同参与的过程。政府制定发展低碳城市的战略规划，起统筹低碳经济发展的领导与管理功能，通过财政补贴和税收以及搭建碳交易平台等一系列政策营造有利于低碳发展的环境；企业是低碳产业和低碳产品的开发主体，关系着低碳技术的创新与应用；公众则是低碳消费和低碳生活的主体，对于

建设低碳城市起着不可或缺的作用。

在低碳政策制定和实施过程中，需要由政府进行主导，企业积极配合，公众广泛参与，各部门通力合作，才能实现建设低碳城市的目标。比如，日本建立了一套完整的“四级管理”体系。第一级是国家节能领导机构，负责宏观节能政策的制定。第二级是节能指挥机关，由经济产业省及其下属的资源能源厅和各县的经济产业局组成，具体负责节能和新能源开发，以及起草、制定涉及节能的详细法规方案。第三级是近30家节能中心，他们受政府委托负责对企业的节能情况进行检查评估，提出整改建议。第四级则是能源管理员，负责监督企业节能和上报企业的能源使用计划和节能措施。

企业要紧紧抓住低碳经济发展之机遇，把环境保护提高到与经营同等重要的地位，把气候变化以及发展低碳经济融入到经营管理决策当中，把环保与企业的发展结合起来，在保护环境的基础上创造良好的经济价值。相当一部分城市都把低碳经济领域作为绝对的重心来发展，也取得了一定成效，目前，许多城市都在积极建设国家级低碳经济示范区，旨在为低碳发展赢得主动。

社区是城市的重要组成部分，是城市人口生活的重要场所。低碳城市的建设，最终需要作用于城市本身，低碳社区的建设无疑是推进低碳城市理念和实践低碳城市规划的重要举措。通过社区驱动，可以将低碳理念注入人们日常生活中去，有助于提高公众的低碳意识和实践低碳的可能性。比如：北京在部分城区以市场价的10%的价格推广500万只节能灯、杭州和天津向市民和游客提供免费公共自行车出租、日照市普及居民太阳能热水器，公共照明设备使用太阳能光伏发电技术，在农村推广太阳能保温大棚、太阳能灶等等。低碳社区的建立有助于从点到面的带动作用，带来社区本身的低碳化的同时又可以增加区域效应，推动整个城市的低碳化发展。

3. 注重低碳与环保的宣传和教育，提高公民素质

低碳社会意味着从生产方式到生活方式的全面变革，传统的生产和生活观念将面对巨大的冲击与挑战。正确的低碳宣传，积极的舆论引导可以提高公民节能减排意识，从而从根本上接受低碳理念。在丹麦，城市建设长期担负着提升市民文明素质的重要职责，把人的素质教育摆在

很高的位置，并且已经形成了一种民族意识。他们为营造一个文明卫生的人居环境所做的努力，已成为一种必然的行动，有力地保证了城镇建设健康、有序地进展。丹麦每个市政区都拥有一座垃圾回收厂，当地居民每周都会将自家可回收的垃圾拿到这里，这里已经成为丹麦人的一个重要社交场所。每周来垃圾回收厂送自家垃圾的可达到1500辆车、3000多人。丹麦政府不断向市民宣传垃圾回收知识，包括在网络上播放宣传片、组织学生们到垃圾处理厂实地实践等。节能环保已经深入到丹麦人的生活中。为提高人们的低碳意识，丹麦还开展很多公益性质的活动，提倡绿色出行方式，号召市民将节能灯、节能建筑、风能等应用于实际生活之中。如2009年8月8日Danfoss公司为14～18岁的年轻人举办气候和创新夏令营，目的是让这些年轻人为气候变化贡献智慧。此前，丹麦教育部要求在2008—2009年，所有教学大纲都要增加与气候相关的内容。而在丹麦能源局播放的一个电视片中，反复讲述着丹麦的气候行动，其中最引人注目的是丹麦确定的6个生态城市。

日本政府也十分重视环保理念的宣传示范工作，在推行“碳足迹”、碳排放权交易等政策措施过程中，都进行了相应的示范试点，以求稳步推进。2008年，为在全国宣传减排理念，改变城市与交通、能源、生活、商务模式等社会结构，日本政府决定在国内挑选10座“环境示范城市”，以期带动其他城市的低碳化发展。

二、国内外低碳城市建设的启示

尽管国内城市已经进行了许多有益的尝试和初期的探索，但毕竟处于起步阶段，尚没有摸索出明确的发展路径。低碳城市和低碳社会建设是一个长期的过程，即使发达国家也是将目标设立在2030—2050年左右。对于基础工作薄弱、社会发展水平尚停留在现代工业化阶段的中国大部分地区，已有的低碳城市建设经验显得尤为可贵。通过对国内外建立低碳城市的理论与实践成果的研究与分析，我们可以得到一些有益的启示。

1. 政府是低碳城市建设的主要推动者和政策提供者

政府主导力量主要体现在低碳城市治理的制度安排方面。完善的政策体系包括决策、执行、监督、反馈等一系列完整的政策实施方案，是一个城市进行低碳建设的关键推动力。由于低碳城市建设的综合性特点,各种经济、法律、行政等政策手段都应统筹起来,形成综合、完整、持续、稳定的政策配套。中国城市要向低碳转型,就要在政府层面建立起完整的制度体系,包括目标体系、行动计划、推进机制,以及相应的法规和标准体系,制定低碳技术和产品的政府采购政策,并设立专门的机构负责政策的实施,使政府在低碳城市的建设中发挥作为监管者和提供者的基础性作用。

(1)加快构建促进低碳经济发展的调控制度体系。低碳经济要求以技术创新和制度创新为核心,政府管理制度的创新,"一个重要的方面是推进政府经济调控制度的转型,终结和调整那些不利于低碳经济发展的财税和市场政策,实施以低碳为税基的财税政策,创建以绿色为导向的公共政策体系"[①]。各级政府在能源、技术、产业、消费、金融等层面实现政策创新,通过税收、价格、信贷、保险、预算、财政补贴或补助、财政支付转移等多种政策手段,推动低碳技术的开发、应用和推广,对低碳产业予以倾斜和优惠,对高碳产业形成制约作用,引导企业尽快淘汰落后产能,刺激低碳生产的积极性和创造性。

(2)建立健全专门针对低碳经济的法律制度体系。我国虽已颁布实施了一系列环保方面的法律法规,但从内容和地域上来讲,还比较分散,相关的法律法规还未形成体系,远远不能满足低碳经济建设和低碳城市发展的需要。应从以下三个方面建立和完善相关法律制度体系:一是进一步完善已有相关法律的配套法规和标准,增强这些法规、标准的适用与效能;二是着眼于低碳城市建设的整体,提出具有地域特色的、针对性较强的政府指导意见;三是特别要加强能源方面的立法工作。由于低碳城市建设的综合性特点,各种经济、法律、行政等政策手段都应统筹起来,形成综合、完整、持续、稳定的政策配套。

(3)制定行之有效的低碳城市战略发展规划。目前低碳城市的初步探索阶段,城市发展规划往往容易存在不全面、不清晰、不实际的缺陷,规划与实际操作相脱节、与现状不相符的情况并不鲜见。制定行之有效

---

① 盛明科、朱青青:《低碳经济发展背景下政府管理创新的必要性、内容与途径》,《当代经济管理》2011年第7期。

的低碳城市规划，确立符合自身实际的低碳发展模式，地方政府面对的重大课题。

2. 明确低碳发展目标

清晰的减排目标的提出是进行减排进度合理量化，减排效果有效监督的关键。确立目标体系必须经过科学的估计与论证，保证符合城市发展实际与减排能力，同时提供较宽广的发展空间。我们要对低碳城市规划研究内容进一步梳理和概括，发布目标明确的总体规划：①低碳城市规划理论框架及技术和数据支持系统研究，重点包括：我国低碳城市规划理论框架研究、低碳城市规划理论框架的技术和数据支持系统研究等；②低碳城市总体规划创新研究，重点包括：低碳城市系统耦合关系研究、大城市地区规划低碳编制技术创新研究、城市总体规划低碳编制技术创新研究、详细规划与城市设计低碳编制技术创新研究等；③低碳城市专项规划创新研究，重点包括：低碳城市生活机制研究、低碳城市产业系统研究、低碳城市能源系统规划研究、低碳城市交通与物流系统规划研究、低碳城市扩大碳汇系统研究等；④低碳城市规划技术方法和指标体系研究，重点包括低碳城市规划技术方法创新研究、低碳城市规划指标体系研究等；⑤低碳城市规划制度建设与实施机制研究，重点包括低碳城市规划制度建设研究、低碳城市规划的决策机制研究、低碳城市规划的实施与评价。

3. 重视低碳经济的发展

城市的经济结构与碳的排放有着密切的关系，一般来说，能源消耗与碳的排放主要集中在第二产业，工业制造业、建筑业和交通运输业是能源消耗的主力军。因此，改变粗放型增长模式，发展循环经济和低碳产业是实现产业结构低碳的主要途径。

(1)打造低碳化的产业结构。低碳化的绿色产业结构是低碳经济的重头戏，在低碳城市发展模式中起到支撑作用。低碳产业是建设低碳城市、打造低碳化产业结构的重大突破口和重要载体，它将会为城市经济带来新的增长点，减少国民经济建设对高碳产业的过度依赖，大大促进经济的健康转型和有效升级。产业结构调整方向是大力促进低碳产业的发展壮大，逐步限制、缩减高碳产业的规模：第一，推动能源技术升级，加大风能、太阳能、海洋能、地热能、生物能等可再生清洁能源的产业化力度，为高碳产业向低碳化转型提供产业链上的支持，走出一条新的能源保障之路。第二，围绕清洁生产这一关键环节，以循环利用为重要形式，通过绿色技术的引入和应用，在工艺流程和技术层面实现清洁生产和末端治理。第三，大力发展能够直接消减、弱化重化工产业负面效应的绿色产业，充分发挥这些产业在改善生态环境方面的巨大作用，比如水利工程、林木产业工程以及环保产业工程。

(2)提升低碳技术创新能力。我们发展低碳经济，最难攻破的瓶颈正在于技术，比如甲烷的回收利用、HFC23焚烧、氧化亚氮的分解、二氧化碳收集并储存到地下等。中国是发展中国家，整体的科技水平还相对落后，低碳技术发展远远不够成熟，与发达国家相比还处在中低端的水平，缺乏核心技术和前沿技术。一方面是我们自身的科学技术研发能力相对薄弱；另一方面以目前的现实状况而言，要从发达国家引进先进技术，不得不主要依靠商业渠道。而这种技术购入每年需要花费高达数百亿美元的巨额资金，这对于一个发展中国家来说，无疑是非常沉重的负担。事实上，总体技术水平落后正成为制约我国发展低碳城市的严重障碍。

低碳技术在经济发展模式的转变中起着先导性和基础性的作用，通过新技术开发和运用减少化石能源的排放和消耗，真正地实现低碳城市发展还需要很多科技的支撑。低碳经济建设必须以低碳技术作为支撑，着眼于技术创新，低碳技术创新是发展低碳城市的根本动力。若没有技术创新，无论建设低碳城市，还是发展低碳农业、低碳交通、低碳建筑，终将是一场空谈。

4. 建立活跃的社会互动

低碳城市发展模式的建立不仅仅在于简单地减少CO_2排放量，而是一项以城市建设为载体的综合政治、经济、社会、文化等多方面发展因素于一体的社会发展战略规划。低碳城市建设是多方面的综合建设，那么低碳行动上就不应只有政府在努力。活跃的低碳社会互动的建立，是全面打造低碳城市的核心所在。这需要由政府为主导进行完善高效的城市规划管理、政策调节与制度保障，同时需要企业为支持进行低碳化新技术、新产品、新能源的开发利用，更需要市民形成合理的低碳化消费行为习惯，节能减排，形成低碳城市文化圈。

在意识形态领域，提高全社会的低碳消费意识，普及低碳环保知识，转变不合理的消费价值观，文化载体负有不可推卸也是至关重要的传播普及责任。要面向全社会，加强低碳消费理念的宣传推广力度。针对不同媒体、不同层次的对象，充分、灵活利用多种渠道和多种手段，以生动丰富的内容、多姿多彩的为群众喜闻乐见的形式，积极开展宣传、培训、教育、动员活动，让低碳消费理念和生态环保知识进入企业、进入课堂、进入社区、进入千家万户，为低碳城市建设和低碳经济发展营造良好的舆论氛围。同时，要将这种普及推广作为一项长期工作来做，坚持不懈地推进全民低碳消费价值观的形成，使之转化为企业的自觉行动、居民的自觉习惯，实现以政府为引导、以企业为主体、全社会共同参与的低碳城市建设格局。

总之，在低碳城市建设中，我们要认真学习和借鉴世界各国关于低碳城市建设的优秀文明成果，总结先进城市关于低碳城市发展的宝贵思想成果，创新城市发展模式，建设经济集约高效、社会公平和睦、文化多元包容、生态环境良好的和谐低碳城市，让人们有信心能应对城市化时代日益涌现的挑战。

第三章 伦理视角下的低碳城市建设指标体系

在全球气候变暖对人类生存环境的影响日益加剧的趋势下，以降低能源消耗和二氧化碳排放为直接目标，以低碳经济为发展方向并最终实现经济、社会和环境可持续发展的低碳城市建设，已成为当代城市的一种新的发展模式和价值追求。低碳城市建设不仅是技术层面的问题，而且是终极意义上的伦理学问题。低碳城市建设固然依赖低碳技术的发明和应用，但也需要伦理观念的启蒙和引导。在这个意义上说，低碳城市就不仅仅是一个工具性目标，毋宁说它是一种价值观念和生活方式。

第一节 低碳城市建设指标体系构建

低碳城市建设是一项复杂的社会系统工程，从经济层面看，它涉及经济结构由高碳排放产业向低碳排放产业的结构性调整；从技术层面看，它关涉低碳技术的发明和运用；从公共管理层面看，它关涉国家控制碳排放的经济政策和产业政策；从伦理学层面看，它关涉人对待自然界的态度。为了对城市的低碳经济发展现状作出正确评价，需要建立一套设计合理、操作简便的低碳城市评价指标体系。低碳城市评价指标体系是一个涉及经济发展、环境保护、社会稳定等多方面协调、有序发展的统一体，需要从不同侧面、不同层次全面地加以描述。

一、构建原则

评价指标体系是指若干个相互联系的统计指标所构成的整体，用以说明被研究对象各方面相互依存和相互制约的关系，从不同角度、不同侧面全面反映研究对象的整体状况。科学合理的指标体系既是对系统进行准确可靠评价的基础和保证，也是对系统的发展方向进行正确引导的重要手段。低碳经济的核心和要害，究其实质是一个环境伦理道德问题，它包括经济增长、自然生态平衡、社会和谐有序、人的全面发展在内，以低碳排放、节约不可再生资源、保持生态平衡价值观为基础，是生产方式、消费方式乃至生存方式的重大转变。为了客观、全面、科学地衡量城市低碳经济发展的水平，在研究和确定评价指标体系和设定具体评价指标时，我们应遵循以下原则：

一是系统性和层次性原则。低碳城市建设是一项复杂的系统工程，指标体系应能够反映低碳城市发展的各个方面。低碳城市建设指标体系包括若干个子系统，应在不同层次上采用不同的指标，以便于决策者在不同层次上对城市低碳建设进行调控。因此，我们采用树型结构的指标体系，即按目标的大小分为三个层次，自上而下分别为目标层—准则层—指标层。目标层是最高层，即低碳城市建设水平评价，准则层是中间层，低碳城市构建的所包含的具体维度，确定每个维度的若干个具体指标，组成指标层，构建层次清晰、目标准确的低碳城市建设指标体系。

二是动态性和稳定性原则。由于建设低碳城市是一个动态的过程，所以低碳城市建设指标体系应随着社会、经济和其他方面的发展而变动。同时，指标的权重也应随着城市的建设而不断变化，但是在短期内应具有一定的稳定性，这样才可以比较和分析城市低碳建设的过程并预测其发展趋势。当然，绝对不变的指标体系是不可能存在的，指标体系必然会随着时间的推移和情况的变化而有所改变。建设低碳城市是一个循序渐进的过程，所以在设计指标体系时应该充分考虑系统的动态变化，能够综合地反映低碳城市建设的发展过程和发展趋势。因此，所设计的指标体系要兼顾动态性和稳定性。

三是地方性和普遍性原则。在设计指标时，要考虑到不同地区的不同发展情况，所以基于不同目标，不同城市的低碳建设指标体系应该具有一些共性及不同的特性,所以在指标体系设计时所选择的评价指标应该能够适应不同类别城市的差别,能够充分反映其城市低碳建设水平。

四是可测性和可行性原则。凡是评价系统,都应该能够充分地描述所评价的对象,但是由于许多方面是无法由单纯的客观指标描述的,或者单纯用数字来衡量是比较不准确的,所以在构建评价指标时应该充分考虑到评价的可行性问题,应该选择一些比较易于数值化的指标来说明要评价的目标。

五是全面性和主导型原则。低碳城市建设涉及面较广,指标选择应具有全面性,能够基本反映城市低碳建设的主要方面和基本特征。同时,从理论上说,设计的指标越多、越细、越全面,就越能够反映城市低碳建设水平。但是,随着指标量的增加,带来的数据收集和数据处理工作也会相应的增加,而且,指标划分越细,越容易产生指标重叠或者指标对立的现象,这反而给综合分析评价带来不便。因此,应该在具有全面性的基础上,针对低碳城市建设的实际情况,挑选具有代表性的指标,建立简单明了的指标体系,既能够准确地评价城市低碳建设水平,又易于分析和操作。

六是准确性和前瞻性原则。对于一个评价系统来说,能够准确地评价其所要评价的对象,是其是否成功的关键所在。为了提高准确性,不光要考虑到其使用的评价方法,还应合理地构造指标,以增加评价的准确性。由于在某个现象发生时,人们对于现象的解析会受到当时环境的影响。同时,在设计系统时要考虑到其使用寿命,尽可能选取比较具有探索意义的指标,以延长评价系统的寿命,使其在较长一段时间仍具有一定的使用价值。

七是以人为本和公正原则。马克思主义认为,人的本质属性是人的社会性。低碳城市建设的目的是使得城市适宜居住生存和发展,对于评价系统来说应充分体现"以人为本"这一核心理念。我们提倡对社会发展的道德关怀和人文思考,就是要用道德的活力来影响人性,用伦理道德来限制经济发展行为。公正指考核评价指标体系的设置要公正,考评过程要公正,考评结果要公正,力求真实全面地评价和反映一个区域或城市低碳建设的状况。

二、指标体系的建立

低碳城市的衡量评价将识别城市在低碳建设过程中的优势与不足，为城市更好地应对气候变化提供指南。这方面的相关研究和实践刚刚起步，对于城市发展评价，近年来国内的学者做了大量有益的研究工作，根据可持续发展的理念，提出了城市可持续发展评价体系、生态城市评价体系、人居环境评价体系以及城市循环经济评价体系等。现有的低碳评估大多针对宏观的国家层面，或是微观的企业和家庭层面。如国际非营利环境组织 German watch 和欧洲气候行动网络于 2006 年共同提出了气候变化表现指数(Climate Change Performance Index，CCPI)，从排放趋势、排放水平和气候政策三个方面对国家的气候变化表现进行评估。2009 年，中国社会科学院发布低碳城市评估指标体系，具体包括低碳生产力、低碳消费、低碳资源和低碳政策等四大类共 12 个相对指标。但总的来说，目前尚未有统一的低碳城市评估标准。低碳城市建设，应该使用多指标综合评价，从多个角度选取不同的指标反映不同的侧面，然后综合起来反映整体状况。

低碳城市的现实化不仅需要资金技术、政策法规的保障，更需要一种伦理道德的支撑，即建立低碳经济伦理道德原则、规范来为低碳经济发展提供原动力。低碳伦理，就是在社会经济活动中以低碳排放化来制约调节经济行为的价值观念、伦理秩序和道德精神的总和。它是包括调节企业生产、商业交换、生活消费等社会行为的道德行为规范，是一个包含生产、消费、管理低碳化在内的综合道德价值体系。根据对低碳城市的相关文献研究，本课题从伦理的视角构建了包含 3 个层次的低碳城市评价指标体系。目标层，为了定量反映低碳城市发展状态和发展差异，本课题设计目标层是低碳城市综合评价指标，该指标是发展低碳城市过程中低碳生产、低碳生活、低碳环境的综合体现。准则层，本课题设计了低碳生产、低碳生活、低碳环境三个准则层。在低碳城市的发展过程中，主要的压力来源于生产和消费过程中的碳排放，所以在低碳城市的发展过程中，要强调低碳生产和低碳消费。低碳环境是状态指标，反映目前城市所面临的环境状态。指标层，是描述在低碳城市发展过程中的一组基础性指标，包含若干个具体指标。低碳城市评价指标体系具体见表 3-1。

表 3-1　低碳城市评价指标体系

目标层	准则层	指标层	具体指标
低碳城市评价指标	低碳生产	经济高效集约化水平	单位 GDP 能耗
			人均 GDP 能耗
			能源消耗弹性系数
			单位 GDP 水耗
			单位 GDP 二氧化碳排放强度
			人均二氧化碳排放水平
		产业结构合理度	非农产业比重
			第三产业比重
			高技术产业比重
			产业结构高度化
		低碳技术水平	新能源比例
			热电联产比例
			资源回收利用率
			工业固体废物综合利用率
			主要污染物排放总量削减率
			工业烟尘去除率
	低碳生活	低碳消费	低碳消费认同度
			人均家庭生活用水
			人均生活燃气用量
			人均生活用电量
			绿色出行方式使用率
			清洁能源使用比例
			节能家用电器普及率
			一次性物品使用率
			初级食品消费比重
		低碳交通	到达 BRT(快速公交系统)站点的平均步行距离
			万人拥有公共汽车数
			公共交通运营效率
			公共交通清洁能源使用比重
		低碳建筑	公共建筑节能改造比重
			节能建筑开发比重
			公共建筑单位面积能耗
			居民建筑单位面积能耗

续表

目标层	准则层	指标层	具体指标
低碳城市评价指标	低碳环境	生态环境	森林覆盖率
			人均绿地面积
			建成区绿地覆盖率
			生活垃圾无害化处理率
			城镇生活污水处理率
			工业废水达标率
		政策环境	碳税政策完善度
			低碳激励监督机制健全度
			环境保护宣传教育制度
			法律法规的实施成效
		科技环境	R&D 投入占财政支出比重
			万人科技人员数量
			千名科技人员低碳论文发表数
			万人低碳专利授权量

三、一些主要指标体系的解释

(1)单位 GDP 能耗:反映能源消费水平和节能降耗状况的主要指标,为一次能源供应总量与国内生产总值(GDP)的比率,是一个能源利用效率指标。该指标说明一个国家经济活动中对能源的利用程度,反映经济结构和能源利用效率的变化。

(2)能源消费弹性系数:即能源消费量年平均增长速度与同期国民经济年平均增长速度的比值,是反映能源消费增长速度与国民经济增长速度之间比例关系的指标。

(3)单位 GDP 水耗(吨/万元):该指标是逆指标,指一年期内居民和工业消费的总水量与总人口的比值。

(4)单位 GDP 二氧化碳排放强度(吨/万元):也称单位 GDP 二氧化碳排放量,指一个国家或地区在一定时期内单位 GDP 产出中二氧化碳的排放量,反映了经济增长对高能耗产业的依赖程度。

(5)人均二氧化碳排放水平(吨/人):该指标是逆指标,也称人均二氧化碳排放量,指一个国家或地区二氧化碳排放量与人口总数的比值。

(6)新能源利用率(%):主要是指总能源消费中水电、风电、核电等清洁新能源所占的比重。

(7)工业固体废物综合利用率(%):指工业固体废物综合利用量占工业固体废物产生量(包括综合利用往年贮存量)的百分率。

(8)主要污染物排放总量削减率(%):指报告期两种主要污染物(二氧化硫和化学需氧量)排放总量与基期相比的削减率。

(9)每万人拥有公交车辆数(标台):指报告期末城区内每万人平均拥有的公共交通车辆标台数。

(10)公共交通运营效率:指的是平均每辆公共汽(电)车一年的客运量。实践证明,公共交通与私家车有一定的替代效应,发达的公共交通网络可以有效降低私家车的使用次数,进而降低城市道路交通的能源需求和温室气体排放

(11)人均绿地面积(m^2):指地区绿化覆盖总面积与地区人口总数的比值。

(12)城市绿化覆盖率(%):指城市建成区绿化覆盖面积与城市建成区面积的比率,其中绿化覆盖面积包括公共绿地、居民区绿地、单位附属绿地、防护绿地、屋顶绿化覆盖面积以及零散树木的覆盖面积。

(13)生活垃圾无害化处理率(%):指报告期生活垃圾无害化处理量与生活垃圾产生量的比率。实际计算时,可用生活垃圾清运量代替生活垃圾产生量。

(14)工业废水达标率(%):由工业废水排放达标量除以工业废水排放总量得到。它反映了地区工业废水处理水平,从侧面反映了地区降低污染产生量,实现污染无害化的水平。

四、低碳城市评价指标体系各指标阈值的确定

确定好评价指标体系中各指标的阈值非常重要,可以由各个指标来评价低碳经济发展状况。然而有些指标其理论上的阈值是难以确定的,同时各个指标适度阈值的确定需要花费大量的时间和人力。因此,本课题在对宁波市低碳城市建设发展状况的评价过程中,将不对各指标阈值的确定问题作重点研究,主要依据国家相关文件《国民经济和社会发展第十一个五年规划纲要》《2009 年中国可持续发展战略报告》《节能减排综合性工作方案》等的规定要求来确定。具体来说,《2009 年中国可持续

发展战略报告》指出，到2020年中国单位GDP二氧化碳排放量要比2005年降低45%～50%，据此可以推算出二氧化碳能源排放强度的临界范围是小于（1.24～1.35吨/吨标准煤），单位GDP二氧化碳排放强度的临界范围是小于（1.37～1.44吨/万元），人均二氧化碳排放水平的临界范围是小于（1.52～1.66吨/人）；《国民经济和社会发展第十一个五年规划纲要》明确指出，到2010年我国的森林覆盖率要达到20%以上；《全国林地保护利用规划纲要（2010—2020年）》提出到2020年我国林地总面积增加到31230万公顷，森林蓄积量增加到150亿立方米，据此可以推算出到2020年全国森林单位面积蓄积量应达到48.03立方米/公顷；《中国可再生能源中长期发展规划》明确提出到2010年使我国可再生能源在总能源消费中占比达到10%；《节能减排综合性工作方案》规定，到2010年工业固体废物综合利用率要达到60%以上；《全国城市生活垃圾无害化处理设施建设"十一五"规划》指出，"十一五"期间城市生活垃圾无害化处理率应达到70%；《国民经济和社会发展第十一个五年规划纲要》明确指出，2010年年底全国二氧化硫和化学需氧量的排放总量要比2005年年底消减10%，即主要污染物排放总量削减率为10%；《节能减排综合性工作方案》规定，到2010年全国单位GDP能耗要比2005年降低20%，据此可以推算出其临界范围为小于0.981吨标准煤/万元；《节水型社会建设"十一五"规划》决定，到2010年单位GDP用水量比2005年降低20%以上，据此推算出单位GDP水耗的临界范围为小于245.96吨/万元；《国务院关于加强城市绿化建设的通知》规定，到2010年城市绿化覆盖率达到40%以上，人均绿地面积达到10平方米以上；《城市公共交通"十二五"发展规划纲要》（征询意见稿）提出，300万人口以上城市每万人拥有公交车辆数达到15标台，100万～300万人口城市每万人拥有公交车辆数达到12标台以上，100万人口以下城市每万人拥有公交车辆数达到10标台以上。

基于AHP法的城市低碳发展水平分析，2005年宁波低碳综合指数是0.5458286，在35个省级和副省级城市（省级和副省级城市是指百万人口以上，在国民经济中占据重要地位的特大型城市，是国家和地区中心。）中排名第9位；2010年宁波低碳综合指数是0.599994，在35个省级和副省级城市中排名第8位，说明宁波一直在为低碳城市建设努力。近年来，宁波市加快产业结构调整，推进发展方式转变，2010年市政府工作报告中首次明确了“积极发展循环经济和低碳经济，倡导低碳生活，加快形成以低碳排放为特征的产业体系和消费模式”。在规划“十二五”经济社会发展过程中，将贯穿“转型升级”这一条主线，体现“绿色发展”这一重要原则，并把绿色发展作为推进转型的根本举措，坚持生态文明方向，发展低碳经济和循环经济，推行绿色投资、绿色生产、绿色消费，着力形成有利于节约资源、保护环境的产业结构、增长方式和消费模式，努力实现经济效益和生态效益的有机统一。

第二节 宁波低碳城市建设的现状分析

近年来，推进城市的低碳发展，促进区域节能减排正被世界各国热议，城市作为经济社会活动的中心，人口资源聚集，运行效率高，同时也是资源消耗、能源消耗、碳排放（碳耗）的集聚区域。随着低碳概念的演进，发展低碳城市成为许多国家的城市建设目标，建设低碳城市已成为低碳革命的重要组成部分，目前世界各国都在探索着自己的低碳城市发展战略，并取得了一些成就。我国也将低碳作为城市发展的重要指导思想，制定了可再生能源法、相关环境保护条例，国家发展和改革委员会于2010年7月正式颁发了《关于开展低碳省区和低碳城市试点工作的通知》，正式在杭州、天津、重庆、深圳、厦门、南昌、贵阳、保定等八市开展低碳城市的试点工作，低碳城市的提出与发展体现了人类社会发展模式的转变与优化，引起了国际社会的普遍关注。国家发改委在2012年11月26日下发《关于开展第二批低碳省区和低碳城市试点工作的通知》，确立了包括北京、上海、海南和宁波等29个城市和省区成为我国第二批低碳试点。宁波作为一个沿海港口城市，是一个经济大市、资源小市，在我国的城市发展类型中具有典型性。

一、宁波低碳城市建设的经济社会基础

宁波是长江三角洲地区南翼经济中心和浙江省经济中心之一，拥有得天独厚的海洋资源优势和区位优势，是浙江建设“港航强省”的主战场

和主阵地，是长三角地区建设亚太重要国际门户的主载体和主平台。

第一，城市综合实力和创新能力不断增强。通过30多年改革开放发展，宁波城市面貌日新月异，城市建设取得显著效果。随着杭州湾跨海大桥建成通车，宁波由交通末端变为交通枢纽城市，区位优势更加突出；随着甬金铁路、象山港大桥、绕城高速及连接线、城市轨道交通、机场快速路和"十大区块、八大系统"等功能区的相继建成，宁波的城市又将发生质的飞跃。2012年全市实现地区生产总值6524.7亿元，其中，第一产业实现增加值270.0亿元，增长1.6%；第二产业实现增加值3516.7亿元，增长6.0%；第三产业实现增加值2738.0亿元，增长10.9%。三次产业之比为4.1∶53.9∶42.0，第三产业增加值占地区生产总值比重比上年提高1.5个百分点。2012年，宁波市市区居民人均可支配收入37902元，人均消费性支出23288元；农村居民人均纯收入18475元，人均生活消费支出12699元。2012年全市完成公共财政预算收入1536.5亿元，比上年增长7.3%，其中地方财政收入完成725.5亿元，增长10.3%，增速比上年分别下降14.9和13.5个百分点。全年专利申请量73647件，授权量59175件，比上年分别增长54.8%和58.5%，其中发明专利授权量2065件，增长27.1%。全市认定省级高新技术企业研发中心38家，省级企业工程中心12家，市级企业工程（技术）中心130家。年内新增高新技术企业189家，市级科技型企业261家，国家级创新型企业3家，省级创新型示范企业4家，省级创新型试点企业7家；新认定市级重点实验室2家，新增市级产学研技术创新联盟1家。至2012年年末全市有高新技术企业930家，市级科技型企业563家，市级企业工程（技术）中心746家，省级高新技术企业研究开发中心212家，国家认定企业技术中心8家，国家级创新型试点和创新型企业16家，省级创新型示范和试点企业52家，市级创新型试点企业156家，年末限额以上科技服务业企业258家，全年实现营业收入103.9亿元，实现利润总额19.2亿元，比上年分别增长19.5%和20.8%。同时，依托深水良港，宁波基本形成了六大临港工业体系，包括钢铁、船舶、造纸、能源、石化、汽车及零配件，总产值占到全市工业总产值的1/3左右，成为宁波经济的一大特色。

第二，低碳发展的社会基础较好。宁波是国家森林城市、国家园林城市、国家环保模范城市。截至2012年2月已经建成国家级生态示范区

5个,国家级生态乡镇25个、国家级生态村2个、省级生态乡镇78个。宁波碳汇林项目已于2010年启动。目前,在鄞州、北仑已经建立了用于碳汇造林的碳汇基金,两家基金合计筹款8500万元,已发展碳汇造林3600亩,已完成投资8000万元。慈溪市也开展了"车友林"形式的碳汇造林试点。多个CDM项目获国家发展和改革委员会批复,其中慈溪风电场和宁波钢铁CDM项目每年分别减排二氧化碳9万余吨和151.2万吨。针对欧美"低碳壁垒",宁波市中华纸业、亚洲浆纸、台晶电子等一批外贸企业自发开展ISO14064认证,实施"产品碳足迹"计划和碳审核,取得了明显效果。宁波市公众对于低碳与低碳经济具有较高的关注度,低碳一词在宁波市已经深入人心,具有较好的公众基础。经过某项调查显示,92.4%的宁波市民众听说过"低碳"一词;67.2%的民众比较了解与完全了解低碳;有86.9%的民众听说过"低碳经济"一词,有24.5%的民众了解低碳经济的内涵;对于2009年召开的哥本哈根会议主题,有76.7%的民众能够回答正确。①

第三,政府管理不断加强。2010年成立由市长任组长,38个职能部门参加的宁波市应对气候变化和节能减排工作领导小组,管理体制和工作机制初步建立。政策法规不断完善,相继出台了《宁波市节约能源条例》《宁波固定资产投资项目节能评估和审查管理办法》《宁波市节能减排综合性工作方案》等地方法规和政策制度。加强应对气候变化重大问题的研究,先后开展了宁波市应对气候变化规划研究等研究,与世界银行等国际机构开展"宁波应对气候变化防灾减灾研究"等项目合作。2012年宁波获批成为第二批全国低碳城市试点城市之一,开展该项试点工作是宁波市今后一段时期建设生态文明的重要举措。2013年3月25日市长刘奇主持召开市政府第24次常务会议,审议并原则通过《宁波市低碳城市试点工作实施方案》《宁波市大气复合污染防治实施方案》《2013年宁波市大气复合污染防治工作计划》。从现在到2020年,宁波将努力完成"推进产业低碳化发展、优化调整能源结构、持续提升能效水平、提高生态碳汇水平、大力发展低碳新兴产业、强化低碳支撑能力建

① 魏水英:《宁波市低碳经济发展的社会公众基础分析》,《浙江万里学院学报》2012年第3期。

设"六大任务，并开展七大示范行动，涉及低碳物流、用电能效提升、低碳交通、低碳建筑、静脉产业、低碳园区，以及低碳社区、学校和家庭等。方案还初步安排了130多个低碳城市试点重点项目。针对宁波市大气环境质量现状和引起大气复合污染的主要污染源，防治实施方案制定了11个方面的工作任务和32项具体工作措施，并提出了明确目标：到2015年末，宁波市二氧化硫、二氧化氮、可吸入颗粒物（PM10）、细颗粒物（PM2.5）年均浓度比2010年下降11%、10%、10%、5%以上（其中细颗粒物以2013年均值为基数）；二氧化硫、氮氧化物、工业烟粉尘和重点行业现役源挥发性有机物排放量比2010年下降18.9%、31.9%、10%、18%以上，环境空气质量优于国家环保模范城市标准。

二、宁波低碳城市建设的工作基础

低碳城市是指在城市的生产和消费过程中实行低碳原则，既保持经济快速增长，又使得能源消耗和二氧化碳排放处于较低的水平，整个城市是一个资源节约、环境和谐的良性循环体系。近几年，宁波在产业结构调整、循环经济发展、节能减排和生态城市建设等诸多方面取得了可喜的成绩，为低碳城市建设奠定了工作基础。

1. 深入推进节能减排工作

自"十一五"时期（2006—2010年）开展主要污染物减排工作以来，宁波市上下统一思想，把污染减排作为贯彻落实科学发展观、加快结构调整、转变发展方式的重要抓手，按照"抓工程、调结构、强监管"的总体思路，科学谋划、明确措施、落实责任、严格考核，有序深入推进污染减排。宁波市结合自身产业结构特点发挥信息化在节能减排中作用。加快推进钢铁、冶金、电力、石化、建材、造纸等高耗能制造行业的信息技术应用，改进生产流程和工艺，促进节能减排，发展循环经济。"十一五"期间，宁波市把主要削减任务落实到具体减排工程，根据实际应削减的总量和每项工程的减排量，确定了24项化学需氧量减排工程和10项二氧化硫减排工程（即"24·10"工程），并通过每年的节能减排任务书、生态市建设任务书等，落实责任，有序推进减排工程建设。截至2010年年底，24项化学需氧量减排工程已完成22项，10项二氧化硫减排工程已全面完成，通过减排工程建设，全市污水处理能力和脱硫设施水平全面提升。

在污水处理方面,"十一五"期间,市、县两级财政共计投资 110 亿元,新建或扩建污水集中处理设施 13 座,新增管网约 1200 公里,污水处理能力由 2005 年的 37 万吨/日提高到 144 万吨/日,全市污水集中处理率达到 85%以上。在脱硫设施方面,全市重点脱硫工程全面建成。北仑电厂等四大火电企业均完成脱硫工程建设,总装机容量为 1266 万千瓦,累计投入治理资金 30 亿元,建成石灰石—石膏湿法烟气脱硫设施 19 套,综合脱硫效率达到 90%以上。此外,全市所有 130 蒸吨以上循环流化床锅炉均已建成炉外烟气脱硫系统或升级改造,综合脱硫效率达到 90%以上。宁波市充分发挥污染减排的倒逼机制,着力淘汰落后工艺和设备,整合改造低端产能,提升行业发展水平,促进经济结构的调整。一是以建设项目环境管理为关口,严格控制高能耗、高污染项目。对不符合产业政策、涉嫌污染转移和布局不合理的项目严格把关,严格落实建设项目污染物排放新增量替代等措施;同时对已批建设项目加强"三同时"管理。二是关停小火电,优化整合供热资源。宁波市列入"十一五"计划的 5 台共 9.3 万千瓦燃煤机组 2008 年年初前已全面淘汰。2009 年到 2010 年,先后关停了宁波热电、明耀热电和镇海热电,淘汰 12 台循环流化床锅炉,共计 1330 吨,淘汰 12 台配套机组,共计 20.35 万千瓦燃煤机组,分别由北仑电厂和镇海电厂代替供热,减少二氧化硫排放约 730 吨。同时,以工业园区为重点,加快供热管网等基础设施建设,淘汰集中供热范围内的各类自备锅炉。三是以行业性和区域性整治为切入点,加快淘汰落后生产工艺,促进产业升级和污染治理,减少污染物排放。宁波市先后完成临港工业废气区域、铜熔炼区域、废塑料加工区、酸洗加工区等区域整治工作。其中,镇海片、北仑片临港工业废气整治先后投入治理资金约 34 亿元,完成整治工程 89 项;鄞州、宁海等地集中治理铸造行业,采取转产关闭、整改提高等措施,促进行业优化升级。慈溪市集中开展了废塑料回收利用行业的整治,取缔低小散废塑料经营户 4104 户,并疏堵结合,提升行业可持续发展能力。四是全面推进清洁生产审核。全市累计通过自愿性清洁生产审核 211 家,强制性清洁生产审核企业 176 家,全市工业企业的清洁生产水平进一步提升。以减排重点工程、重点企业和市级重点监管区为监察重点,开展了"两高一资"、燃煤企业、饮用水源保护区等专项环保行动,严查化工、电镀、印染、铸造、造纸等重污染行业、重点信访件和重点减排工程等各领域环境违法行为,5 年来,共检查污染企业 3.9 万多家次,立案查处各类环境违法案件 6200 多起,限期治理、停产整治、取缔关闭、媒体曝光一大批重大环境违法行为。同时,通过强化污染源监督管理,促使企业抓好各项环境保护措施的整改和落实,提高清洁生产水平,改进治污设施,实施综合利用,提高污染物排放稳定达标率,减少污染物排放总量。建立和完善了减排监测、统计和考核三大体系。环境质量和污染源在线监测、监控能力实现了新突破,全市建成空气质量自动站 25 个,地表水水质自动站 3 个,临港工业集中区域建成大气特殊污染因子在线监测系统 5 套;完成 296 个重点污染源在线监测点位建设,其中市控以上重点企业 223 个点位全部实现省、市、县三级联网。同时,按规范开展对污染源的常规监测、飞行监测和专项行动监督监测,为全市减排绩效的核算提供有力保障。加强对污染企业的统计,全市市控以上重点排污单位、所有污水集中处理厂和 35 吨以上锅炉形成了月排污报告制度。同时,加强了对减排工作的考核,市政府将减排工作完成情况与年度目标管理考核相结合,市减排办对各地、各部门的减排工作和重点减排工程的进展情况进行不定期的检查和通报,有力地促进了各项减排工作的开展。

2. 不断扩大清洁能源使用范围

2012 年 9 月 27 日,宁波市政府常务会议审议通过《宁波市能源发展“十二五”规划》。能源发展是一项复杂的系统性工程,是确保经济社会全面协调可持续发展的重要基础。要把重保障放在第一位,科学有序推进能源基础设施建设,继续提升综合供应能力。要把调结构作为重点,应用各种先进技术和设备优化存量、提升增量,加大清洁能源、可再生能源的开发利用力度。根据规划,宁波市煤炭消费量占能源消费总量比重将从 2010 年的 66.8%下降到 2015 年的 56.7%;清洁能源比重从 2010 年的 3.9%上升到 2015 年的 15.7%。在宁波,无论是风能、太阳能、生物柴油的开发利用,还是环保节能产品的生产以及生产设备的节能改造,都吸引了许多宁波企业的参与,积极捕捉低碳商机。一批专业从事太阳能、地热等新能源开发利用的企业脱颖而出。天然气这种清洁能源在宁波得到了普及,供气区域覆盖老三区、镇海区、北仑区、东部新城、宁波国家高新区、东钱湖旅游度假区以及鄞州区。2009 年,宁波市入选国家首批21个可再生能源建筑应用示范城市，获得财政部、住房和城乡建设部7000万元专项资金支持，宁波地方财政又拿出8000万元，使这个专项资金的规模达1.5亿元。宁波市以绿色建筑发展为重点，加大可再生能源在建筑中的推广应用。住建部门则积极推进可再生能源建筑试点城市建设，"十二五"期间累计实施可再生能源建筑应用示范项目145个、应用面积800万平方米。在交通运输领域，将加大城市公交车辆、车辆、运输船舶的结构调整力度，提升清洁能源和新能源车辆的拥有比例；2012年，宁波市新增天然气公交车300辆、LNG集卡车108辆、CNG双燃料出租车1200辆；在商贸、旅游领域，将以建筑设施、电气设备节能为重点，大力推广应用节能灯、变频调速电机、高效节能空调等节能设备；在渔业、农机领域，则以更新淘汰落后农机、渔船为重点，发展清洁、节能的新技术。2011年宁波水电装机总量已达到11.5万千瓦，风电装机总量2012年达到15万千瓦以上，各类沼气设施总容积5.2万立方米。宁波具有独特的地理位置和气候条件，年平均气温16.2℃，年平均降水量为1400毫米，年平均日照约1900小时，开发利用这些能源是全市实施可持续发展战略的必然要求。近年来宁波市风能开发进入快速发展期，去年慈溪长江风力发电有限公司的慈溪风场年发电量约为10391万千瓦时。国电电力宁波穿山风电场已完成了宁波北仑穿山风电场接入系统报告，预计年发电量为0.954亿千瓦时。作为国内重要的光伏产业基地之一，宁波市拥有日地太阳能、东方日升等光伏生产企业60家，形成了硅材料、硅片、太阳能电池和电池组件等较为完整的产业链。目前，全市已有6个光伏发电项目获得省发改委批准立项，东方日升新能源股份有限公司的光伏发电项目已并网发电，工程年发电量预计达53万千瓦时。生活垃圾发电、农村沼气建设对改善百姓生活条件和提高生活质量有重要作用。2010年全市生活垃圾年发电约38294万千瓦时，全市年产生沼液量141.6万吨。

3. 循环经济加快发展

循着"减量化、再利用、资源化"的路径，宁波大力推进"2412工程"，在电力、化工、钢铁、建材、造纸等行业构建循环经济产业链，目前全市已形成"电厂—粉煤灰—水泥""企业污水—污水处理厂—中水回用""污泥—热电厂循环流化床焚烧—发电""脱硫硫磺—硫酸—生产钛白粉和磷肥”等 12 类 40 多条废弃物循环经济产业链。根据 2012 年发布的《宁波市工业循环经济“十二五”发展规划》，全市将主要围绕六大领域，重点建设工业循环经济项目 26 个，总投资约 127 亿元，到 2015 年，重点培育和发展 100 家工业循环经济示范企业。宁波将重点实施“611”工程，即：重点围绕节能减碳、节水与中水回用、清洁生产审核、资源综合利用、回收利用与再制造，循环产业链六大领域开展全市工业循环经济建设，重点培育和发展 10 个市级以上工业循环经济示范园区、100 家工业循环经济示范企业。在节能减碳领域，宁波将继续推进全市 1000 吨标准煤以上的 1000 家重点用能企业能效水平提升，并以企业集团或工业园区为单位，推进集中供热。在资源综合利用领域，将加强对餐厨垃圾产生、转运、处理全过程的监控，到 2015 年，全市城市餐厨废弃物资源化利用率达到 90%。同时大力发展新型建材业，加大钢渣、污泥综合利用技术开发。在回收利用与再制造上，宁波将建成较为完善的废旧金属再生资源回收利用体系，推进废旧塑料和橡胶回收利用，开展废旧机电再制造试点，健全废纸回收利用网络。未来，宁波市仍将加强构建和发展石化、电力、建材、电气、装备制造业等五大行业的循环经济产业链。宁波全市 60%的工业园区实施生态化改造，通过清洁生产的企业已达 400 多家，建立较为完善的煤电—新型建材循环产业链，全市工业固废综合利用率保持在 90%以上。在全国首创城市餐厨垃圾综合利用的“宁波模式”，建立餐厨垃圾生态化综合利用产业链。目前宁波市区的餐厨垃圾收运率和处理率均达 80%左右，位列全省第一，在全国也是名列前茅，成为首批餐厨废弃物资源化利用和无害化处理试点城市之一。已建成 3 座生活垃圾发电厂，城乡生活垃圾资源化利用超过 60%。大力发展低碳农业，基本建成畜禽养殖资源化利用网络，秸秆综合利用率达到 80%，林业碳汇能力有效增强。“十一五”期间，全市共完成绿化造林 15.5 万亩。目前，森林面积 652.8 万亩，森林覆盖率为 50.2%。《宁波市加快建设生态文明行动纲要(2011—2015)》提出实现到 2015 年全市森林覆盖率达到 50.5%的目标，宁波市将全面推进森林城市、森林城镇和森林村庄创建；同时加大湿地保护力度，大力推进生态修复，加强生物多样性保护；大力实施森林碳汇工程，探索开展“购车植树”环保公益性活动。

表 3-2　宁波市“十一五”“十二五”规划主要发展目标比较

“十一五”计划主要发展目标完成情况

分类	主要指标	“十一五”规划目标	2010 年实绩	完成情况
发展规模	规模以上工业总产值(亿元)	9000	10868	超额完成
	全部工业增加值(亿元)	2300	2570	超额完成
	全市工业投资(亿元)	1200	685	未完成
	工业出口交货值(亿元)	2500	2780	超额完成
工业结构	“510”产业产值占全市工业总产值比重(%)	75	80	超额完成
	高新技术产品占规模以上工业总产值的比重(%)	40	19.5	口径变化
	工业园区化率(%)	75	—	缺乏数据
	规模以上企业数(家)	11000	12404	超额完成
	年产值达 100 亿元以上的企业数(家)	11	11	完成
创新能力	市级以上高新技术企业(家)	600	—	口径变化
	其中:国家级(家)	120	—	
	创市级以上名牌产品(个)	650	700	超额完成
	其中:中国驰名商标(个)	25	297	超额完成
	中国名牌(个)	60	61	超额完成
资源消耗	万元工业增加值能耗下降(%)	18	36	超额完成
	万元工业增加值水耗下降(%)	20	72.9	超额完成

“十二五”宁波工业发展主要指标目标

主要指标	“十二五”期间年均增长	2015 年目标值
工业增加值	10%以上(按不变价格)	4700 亿元(当年价)
工业总产值	13%(按当年价格)	24000 亿元(当年价)
全员劳动生产率	—	18 万元/人·年
工业投资	—	6500 亿元(累计)
规模以上工业企业科技活动经费支出占销售收入比重	—	1.5%
规模以上战略性新兴产业产值	—	6000 亿元
专利授权量	—	35000 件
发明专利授权量	—	2500 件
国家级技术中心	—	12 家
高新技术产业增加值占比	—	28%
装备制造业增加值占比	—	36%

数据来源:宁波市工业转型升级“十二五”总体规划。

三、宁波低碳城市建设的迫切需要

从全国来看，我国对国际社会承诺到2020年单位生产总值碳减排40%～45%，任务非常艰巨，开展低碳试点，发展低碳经济是宁波主动承担地方义务的需要。从地区自身来看，宁波在城市和产业发展面临诸多的瓶颈约束，高碳特征将难以持续，转型升级势在必行。

1. 宁波市产业结构和能源结构呈现高碳的特征，面临节能减排减碳的刚性压力

纵观中国产业结构调整的历史，我们发现尽管产业结构在不断改变和被调整，但是由于各种原因，这些调整对中国碳排放降低似乎并没有取得极大的成效，产业结构在高碳的方向上表现出强烈的"刚性"特征。所谓产业结构调整刚性，可以概括为"产业部门之间及其内部的构成比例及相互关系的调整所呈现的刚性状态。我国经历了四次较大规模的产业结构调整：第一次调整是纠正严重失衡的'农、轻、重'产业比例关系，第二次调整是由重工业化向'加工主导型'转化，第三次调整是扭转产业结构'轻型化'趋向，第四次调整是以结构调整为主线带动发展"[①]。由于中国的产业结构存在这种刚性的特征，中国的产业结构调整比较缓慢，很多低水平的生产能力长期得不到改善，加之各地方政府在追求政绩的利益驱动下盲目投资重复建设，不仅加剧了污染和碳排放的增多，而且也使低端产品充斥市场造成过剩。产业结构的刚性也使得推广诸如清洁能源、清洁产品以及清洁生产等旨在促进低碳经济发展的努力变得困难。

改革开放以来，宁波等中国沿海地区成为承接发达国家重化工等高碳产业和技术转移的重点区域。宁波是华东地区重要的能源与原材料产业基地，电力及热力、石油化工、钢铁、纺织、造纸五大高能耗行业的工业能耗占全市能耗比重的70%以上。宁波倘若继续发展高碳产业，未来需要承担温室气体定量减排或限排义务和强制约束要求时，就可能被高碳产业所"锁定"。在2009年哥本哈根气候大会上中国对国际社会作出

① 杨剑钧：《我国发展低碳经济的障碍与路径选择——一个基于产业结构视角的分析框架》，《江苏科技信息》2011年第11期。

庄严承诺后，国内在碳减排和生态环境保护领域的政策力度加大，碳排放约束性指标被继续纳入“十二五”规划，并且增加了排放总量指标的约束，对区域碳排放约束力度越来越大。同时，碳减排的边际成本与减排难度客观上随减排量的增加而增大。

宁波是长三角地区重要的能源和原材料基地，轻重工业比例已经上升到1∶2.5，宁波重工业比重超过轻工业的格局，始于2000年，当年规模以上重工业产值达到762.4亿元，比重首次过半达到53.4%，此后比例逐年上升，2004年达到了59.2%，今年前五个月更是攀升至63.5%，完成产值1099.9亿元。其中，石油加工业、化学原料和化学制品业、黑色金属冶炼压延加工业等临港型重工业生产增速尤为明显。全市火电装机容量接近1700万千瓦，炼油、乙烯、PTA、MDI、ABS的生产能力分别占全国产能的6.2%、8.2%、24.9%、44.8%和37.2%，冶金、建筑、造纸、化纤、印染等原材料工业具有相当规模。当前宁波工业形成了三大产业群：一是以炼油、化学、电力、钢铁、冶金等六大产业为基础的临港型工业；二是以电子信息、机电一体化新材料等行业为主的高新技术产业；三是以服装制造业、棉毛纺织和针织品业等传统行业组成的支柱工业。在经济快速发展的过程中，土地、水、电等资源要素供给及环境承载力频频拉起警报，成为制约宁波经济持续健康发展的主要瓶颈。2011年宁波生态建设取得了一定成效，全市化学需氧量排放削减至4.4万吨，比2010年下降0.1%；二氧化硫排放削减至11.1万吨，下降15.0%。但是，以工业占重要比重的第二产业的快速发展对能源、环境提出了更高的要求，尤其是临港型工业项目中石化、钢铁、电力等占了相当大比重，而这些重化工业主要以一次能源煤炭和石油为主，受环境资源瓶颈的影响，以及第二、三产业之间缺乏联动，一定程度上制约了宁波经济的快速发展。按照产业结构调整优化理论，产业之间不能协调发展，就会阻碍国民经济效益最优目标的实现，这就需要积极介入产业结构调整，加快经济转型升级。

宁波全市化石能源占一次能源消费总量比例达99%，其中煤炭占47%，工业能耗占全社会的75%左右，比全国高15个百分点，非化石能源消费量仅占0.5%。根据《宁波市低碳城市试点工作实施方案》，到2015年，全市碳排放总量进入平缓增长期，碳排放强度得到有效控制，万元生产总值碳排放比2010年下降20%以上,万元生产总值能耗比2010年降低18.5%。到2020年,全市碳排放总量与2015年基本持平,碳排放强度呈加速下降态势,万元生产总值碳排放比2005年下降一半以上。实现这样的目标,宁波也是任重道远。消费结构升级带来的生活用能刚性增长,也给全市节能减排减碳带来较大压力。推进低碳城市建设,创新节能路径,是推动全社会节能上新台阶的必然选择,是寻找宁波发展新增长点的现实途径,具有十分重要的现实意义。

2. 宁波经济呈现外向度高的特征,将面临"低碳壁垒"压力

宁波经济是外向度较高的开放型经济,宁波的外贸出口和利用外资,分别占到浙江的四分之一和三分之一以上。正是由于对外贸易的出色表现,使宁波生产总值近两年获得了高速攀升。20世纪90年代以来,宁波的对外贸易依存度呈逐年上升的趋势。从外贸依存度和出口依存度来看,宁波经济的增长更大程度上依赖于出口,出口导向型经济的特征日趋明显,净出口增加对整个宁波经济的拉动作用一枝独秀,其加权贡献率达到50%以上,已明显超过消费和投资的拉动作用。2012年全市完成口岸进出口总额1975.8亿美元,新批外商投资项目437个,合同利用外资53.1亿美元,增长5.9%,实际利用外资28.5亿美元,增长1.5%。其中制造业实际利用外资12.8亿美元,增长8.4%;批发和零售业实际利用外资5.2亿美元,增长96.1%。宁波经济面临最主要、最突出的矛盾是需求不足,特别是由于宁波经济外向度高,受外需影响最直接、最明显,外需萎缩对全市经济运行最具"杀伤力"。随着全球低碳经济的不断发展,国际贸易中的低碳贸易壁垒也将会越来越多,甚至会愈演愈烈。碳壁垒是对高排放的商品和服务开征碳关税,是一种新的绿色贸易壁垒。2012年1月1日起,欧盟对所有飞经欧洲的飞机收取高昂的碳排放费用。据估计,仅2012年,我国航空公司需要支付的这笔"买路钱"就将高达7.43亿元人民币。2009年6月美国众议院通过了《清洁能源与安全法案》,从2020年起对未达到碳排放标准的国家的产品征收惩罚性关税。目前,法国已颁布法律,宣布从2011年7月起,所有在法国销售的产品必须提供"碳足迹"标签;碳关税一旦被发达国家普遍采用,中国等新兴经济体国家在二氧化碳减排方面将受到越来越大的压力,产品出口将会遭受更加苛刻的"绿色壁垒"。欧美等发达国家利用碳关税也

会改变国际贸易竞争格局，对发展中国家出口贸易构成挑战。我国作为一个出口大国，是发达国家征收碳关税的重要目标。

宁波是一个出口大市，2010 年出口依存度达 64%，从出口额占宁波自营出口总额 37.1%的前 20 项商品看，服装及衣着附件、塑料制品、灯具照明装置及类似品、家具及其零件等劳动密集型产品就占到了 14 项，这些出口产品将面临碳关税的严峻考验。宁波一次能源严重依赖外部输入，土地人均占有量低，水资源存在区域性短缺。无论是对碳关税的未雨绸缪，还是出于提升出口产品的竞争力，都需要宁波着力推动产业向低碳方向升级转型。后金融危机时代，国际市场需求继续趋于萎缩，要素“倒逼”仍在加强，外贸风险逐渐显现，特别是欧美国家的“低碳壁垒”升级，“碳标签”或“碳税”极有可能成为未来高能耗、低附加值企业出口的隐形贸易壁垒，而宁波市对欧盟出口占比超过 28.3%，分别高于全国、全省对欧盟出口比重 9.5 个百分点和 2.6 个百分点，所受到的影响也势必更大。推进低碳城市建设，实现外向经济的低碳化发展，有利于提高宁波的产品出口竞争力，是确保宁波市经济发展优势的必由之路。

3. 宁波海岸线长，地势较低的特征，面临气候变化的影响较大

“工业革命的到来，以前所未有的规模，显著改变了自然界的碳循环。工业革命以前很长一段时间，大气中二氧化碳的浓度大致稳定在 270～290ppm。但在 1800 年以后，现代工业和交通发展迅猛，城市化水平不断提高，煤炭和石油消耗快速增加，大气中的二氧化碳浓度不断增加，而且增加速度越来越快。碳在自然界的循环平衡被彻底打破，地球开始‘发烧’了。”[①]“目前全球二氧化碳的排放量一年超过 230 亿吨。这些气体在地球大气层制造出一个隐形的温室，热量被封闭在大气层内，造成地球温度上升。”[②]在前生态文明的工业文明条件下，由碳排放导致的全球气候变暖使人类面临农作物减产、水资源短缺、海平面上升、物种灭绝、疾病增多等诸多严重后果。由人类高碳行为导致的环境恶化问题，造成了人与自然的对立，人类自身矛盾的加剧，以及诸多社会问题的丛生。有关气候变化的物理学和政治经济学研究已经证明，全球气候变

① 熊焰:《低碳之路:重新定义世界和我们的生活》,中国经济出版社 2010 年版。

② 熊焰:《低碳之路:重新定义世界和我们的生活》,中国经济出版社 2010 年版。

化问题是人类迄今为止面临的规模最大、范围最广、影响最为深远的挑战之一，也是影响未来世界经济和社会发展、重构全球政治和经济格局的最重要因素之一。作为世界人口最多、自然生态环境脆弱、自然灾害最严重的中国还是全球气候变化的最大受害者之一。地球生态环境恶化的严峻形势及其带来的人类生存发展困境，决定了高碳式发展模式和生活模式必须加以革新，代之以“低碳”模式。“低碳经济”提出的大背景，就是全球气候变暖对人类生存和发展的严峻挑战。随着全球人口和经济规模的不断增长，能源使用带来的环境问题及其诱因不断地为人们所认识，不止是烟雾、光化学烟雾和酸雨等的危害，大气中二氧化碳(CO_2)浓度升高带来的全球气候变化也已被确认为不争的事实。宁波位于东海之滨，杭州湾南岸，依山临海，有漫长的海岸线，港湾曲折，岛屿星罗棋布。全市海域总面积为9758平方公里，岸线总长为1562公里，其中大陆岸线为788公里，岛屿岸线为774公里，占全省海岸线的三分之一。全市共有大小岛屿531个，面积524.07平方公里。临海平原海拔较低，水系相对独立，气候变暖及海平面上升进一步增大了沿海地区遭受台风、风暴潮、咸海入侵等灾害的不利影响。推进低碳城市建设，积极应对气候变化，对宁波有着更为现实的意义。

第三节　宁波市低碳城市建设面临的挑战

低碳城市是指在城市的生产和消费过程中实行低碳原则，既保持经济快速增长，又使得能源消耗和二氧化碳排放处于较低的水平，整个城市是一个资源节约、环境和谐的良性循环体系。低碳城市代表了较高的文明发展水平，是城市可持续发展的集中体现，是未来城市发展的新模式。近几年，宁波在产业结构调整、循环经济发展、节能减排和生态城市建设等诸多方面取得了可喜的成绩，但与深圳、杭州、厦门等低碳试点城市比，还显落后，非化石能源占一次能源消费比重、人均能源消费量、万元GDP能耗、第三产业增加值占GDP比重、城镇人均公共绿地面积等方面差距明显，必须加紧把低碳城市建设纳入今后宁波发展的重要议事日程。宁波推进低碳化建设尚处于起步阶段，其在经济发展初期所留下的高污染高能耗问题以及对低碳的实践具有明显的零散性和试探性，尚没有形成系统的低碳经济发展框架，一些制约低碳建设的障碍还有待进一步研究、实践。

一、自然资源的制约

资源是经济发展的基本要素之一，特别是自然资源的有限性制约已成为人类可持续发展的关注点。自然资源主要指土地资源、水资源、矿产资源、生物资源、气候资源、海洋资源等。自然资源稀缺既有历史原因也有现实原因，既有地域性的自然原因也有人为原因，归纳起来其成因主要有如下类型：一个地区自然资源的天然丰度及人口分布对该地区资源稀缺程度的影响，这属于自然性稀缺；在社会经济及科学技术水平较低情况下向富裕高速迈进，会造成较大的资源消耗，这是发展性稀缺；由于对资源的利用不合理等原因，会造成继发性稀缺；由于地区发展战略、实际资金投入总量分布结构与资源分布脱节，会造成资源短缺与闲置并存的不平衡稀缺；经济增长方式未能及时地由粗放型向集约型转变，长期靠高耗低效的高投入来维持经济发展速度，则会加剧自然资源的稀缺程度。

宁波市的自然资源主要包括土地资源、水资源和海洋资源，其他种类的自然资源相对较少，其资源结构的特点是宁波区域经济发展的条件，决定着该地区经济发展的方向。宁波市经济发达，自然资源相对不足。根据近年统计资料，宁波市人均占有陆域面积约 2.4 亩，于浙江省人均 3.5 亩和全国人均 11.3 亩的水平。20 世纪 90 年代以来，耕地面积更是呈不断减少趋势，近几年来，虽通过围垦海涂、开荒、土地整理和其他复耕、还耕手段增加了一些耕地，但同时由于国家、城镇、工矿企业、乡村各类用地的大幅度增加，土地利用城市化步伐加快，未能遏制住耕地面积下降的势头。宁波市水资源并不富裕，时空分布不均匀，调蓄能力有限，用水管理水平不高，水的供求矛盾比较突出，具体表现：总量贫乏，人均水资源量少，水资源时空分布不平衡，后备水资源不足；用水浪费现象严重，缺乏效率；水源污染，水环境恶化。随着经济的快速发展和人民生活水平的日益提高，水资源的供需缺口会越来越大，淡水资源的严重不足，对宁波市 21 世纪可持续发展将会起很大的制约作用。

宁波市海岸曲折，港湾岛屿多，海域辽阔，沿海滩涂面积大，这些港湾海域适宜航运、养殖、围垦，具有良好的海洋资源环境和优异的深水岸线及深水航道。开发海洋资源，发展海洋产业，不断培育宁波海洋经济发展的新增长点，促进全市和周边沿海城市经济的全面发展，是未来一二十年宁波实现海洋经济可持续发展的必然选择。随着全市经济社会的不断发展，海洋资源也面临着因高强度开发而产生的一系列问题，如近海水产资源捕捞过度、海水污染，鱼类资源数量大为减少；工业废水和生活污水的过量排放，导致海域污染呈逐年加重趋势，污染范围扩大；海洋资源总体开发利用水平低、不充分，海涂开发利用率不高，海洋资源综合管理机制尚未建立等。宁波的自然资源少、内需市场小。

二、庞大的人口数量制约

人口问题和环境问题、资源问题和发展问题一样，是当代国际社会共同关注的热点。人口增长对经济发展的进程起着两重彼此矛盾的作用，它既能促进也能阻碍经济的发展。关于人口增长与经济发展的关系西方经济学家有过长期的争论。凯恩斯认为人口减少将引起有效需求不足，导致经济停滞，人口增长则会刺激消费需求和投资需求。库兹尼茨认为人口增长和技术进步、社会结构的变化等都是实现生产能力扩大及经济增长的基本因素。人口若按中等速度（适度）增长，对经济发展是有益的。在任何一种资源条件下，较慢的人口增长都有利于发展中国家的经济和社会发展。这种增长可能会刺激需求，促进技术革新、减少投资风险，提高劳动力的技术水平。但如果人口增长过快，就会成为一个沉重的经济负担。

2011 年度《宁波市人口发展报告》显示宁波市常住人口 10 年增长率居全省首位，成为浙江暂住人口最多的城市。2011 年全市户籍人口为 5764042 人，比 2010 年增加 23206 人，增长 0.40%。劳动适龄人口比重保持较高水平，但呈逐年下降趋势。16～59 岁的男性、16～54 岁的女性劳动适龄人口合计为 372.35 万人，占总人口的比重为 64.30%，同比下降 0.63 个百分点，较 2006 年的 68.43%下降 4.13 个百分点。人口红利优势依然保持。但是，人口老龄化程度也在缓慢加深。宁波市 60 岁及以上老年人口为 107.30 万人，较 2010 年增加 5.15 万人，老年人口系数为

18.53%，比2010年上升0.83个百分点。80岁以上高龄老年人为15.93万人，比2010年增加0.86万人，占60岁及以上人口的比重为14.85%，比去年上升0.10个百分点。65岁及以上的老年人口为70.16万人，比2010年增加3.38万人，老年人口系数为12.12%，较2010年上升0.55个百分点。

人口红利是指一个国家的劳动年龄人口占总人口比重较大，抚养率比较低，为经济发展创造了有利的人口条件，整个国家的经济成高储蓄、高投资和高增长的局面。总体上，宁波仍处在"人口红利"窗口区，劳动适龄人口占总人口的比重一直在60%以上。劳动适龄人口下降，这是人口老龄化发展的必然结果，一方面，宁波户籍人口劳动适龄人口下降，但流动人口的劳动力流入，具有缓解老龄化的作用。截至2011年6月30日，全市登记的暂住人口为429.84万人，较2010年增加25.46万人，增长6.30%，增长量和增长率低于近10年的平均水平。在2001—2011年间，暂住人口年均增加32.78万人，暂住人口与户籍人口数量之比，也从2001年的18.78∶100提高到了2011年的74.57∶100。[①] 宁波的很多企业都还属于劳动密集型产业不属于资本知识密集型产业。享受社会高储蓄、高投资、高增长的"人口红利"丰厚回报时，也面临人口"负债"：人口增长与有限的资源、环境承载力之间矛盾日益尖锐；教育、医疗、住房、社会保障、计划生育、就业服务等基本公共服务与社会管理压力巨大；社会治安管理带来新的挑战。同时人们收入的增加，也使得能源的需求与实际消费都有很大的增长。2010年，按户籍人口计算全市人均能源消费6.16吨标煤，比上年增长12.0%；全市人均电力消费6972千瓦时，比上年下降0.53%。2010年，全市居民人均生活用能450千克标煤，比上年下降18.17%；全市居民人均用电868千瓦时，比上年增长16.57%。2011年每百户市区居民拥有的家用汽车数为33.2辆，比2010年增长31.7%，市区居民人均交通支出2704.33元，同比上涨24.0%，其中市区居民人均车辆用燃料及零配件支出为1034.66元，增长51.5%。随着城市化水平加快和居民生活要求的提高，住宅的需求将持续增加，

① 宁波公布2011年度人口发展报告，http://news.sina.com.cn/c/2012-06-21/033924630299.shtml。

住宅和交通能耗也是中国碳排放不断提高的关键因素。这些对于宁波城市的低碳发展会带来一定的压力,阻碍了宁波市推进低碳建设的步伐。

三、能源与环境的制约

宁波市是一个典型的能源匮乏地区,陆域“无煤、无油”,99%以上的一次能源由区外市场输入。同时,宁波又是一个能源消费大市和国家能源项目建设的重点地区。近年来,能源总体供给形势日趋紧张,已成为制约宁波社会与经济可持续发展的主要瓶颈之一,节能已是刻不容缓的事情。2010 年全市全社会综合能耗约 3536 万吨标煤,比上年增长 12.6%。2010 年,按能源消费等价值及 2005 年可比价计算,全市全社会万元 GDP 能耗为 0.8209 吨标煤,与上年基本持平;其中一产、二产(工业)、三产的万元增加值能耗分别为 0.3791 吨标煤,1.1595 吨标煤(1.2472 吨标煤)和 0.2775 吨标煤,分别上年同比下降 6.13%,上升 2.04%(1.57%)和下降 6.4%。2010 年,按 2005 年可比价计算,全市万元 GDP 电耗为 1065.6 千瓦时,比上年上升 2.49%,其中一产、二产(工业)、三产的万元增加值电耗分别为 148.2 千瓦时、1539.9 千瓦时(1653.9 千瓦时)和 256.6 千瓦时,分别比上年上升 6.39%,下降 0.74%(3.36W)和上升 5.42%。2010 年,按等价值计算,全市能源消费弹性系数为 1.02,全市电力消费弹性系数为 1.17。电力消费呈现较大幅度上升,其增长率超过了 GDP 的增长。2010 年全市工业能源消费 2671 万吨标煤,比上年增长 20%,其中规模以上工业能源消耗标煤比上年增长 15%。占全社会能源消费总量七成左右的工业,成为全市能源消费的主体。从消费种类来说,目前主要为煤炭、石油制品、电力、燃气和热力,而且原油、煤炭和电力消费量均呈上升趋势。在天然气消费中,去年全市规模以上工业企业消费天然气是上年的 3.13 倍,液化天然气消费是上年的 39.3 倍。

宁波是我国火电和石油炼化等能源加工基地,能源中间损耗量巨大。2010 年,宁波能源加工转换的投入量达 6616.49 万吨标煤,能源加工转换及输配中间损耗 1596.30 万吨标煤,能源加工转换及输配总效率 76.1%。2010 年全市火力发电、热电和炼油的能源加工转换效率分别是

41.65%、87.75%和91.15%；电网输配电损耗率3.0%（见表3-3）。然而，宁波市陆域“无煤、无油、无气”，是一个典型的常规一次能源“空白区”，所需能源99%以上依赖外部输入。外部市场环境的波动对全市能源平衡具有较大的影响力和冲击力，也对全市经济的稳定发展造成一定的影响。虽然这几年通过能源市场的建设，已经初步形成以市场调节为主要手段的能源供给体系，但市场机制对能源资源配置的基础性作用尚未充分发挥，再加上能源主管部门缺乏必要的平抑市场价格波动的宏观调控手段，整个能源保障体系存在一定程度的薄弱性。由此宁波市能源结构调整的难度大，在向低碳发展模式转变的过程中，将受到更多的资金和技术压力，付出更高的代价，面临更大的困难。能源利用热效率低。由于煤炭与其他燃料相比，属低值能源，燃烧热效率低。宁波市过高的煤炭消费比重在一定程度上已经制约着宁波市经济结构调整和经济发展。

目前我国已确定了可持续发展战略，而宁波市也已确立了建设现代化的国际港口城市的发展目标，这意味着宁波市在今后的能源结构调整方面将承担更多的义务，节约能源，保护环境，减少“不清洁”的能源消耗，增加清洁的能源使用。因此，对于一次能源严重短缺的宁波，在一次能源结构中，减少煤炭的使用量，提高优质能源的比重，已经显得非常迫切。但现有技术下即使替换掉煤炭，宁波市仍然是以石油和天然气等化石燃料为主体的碳基能源经济，其经济和能源结构的“高碳”特征十分突出，CO_2 排放强度相对较高，节能减排的形势较为严峻。

宁波目前的产业结构对临港工业和进出口贸易依赖较深，这种局面既面临着未来制造业和国际贸易转移的不确定风险，也成为节能减排工作的难题和低碳城市建设的瓶颈。“十二五”时期宁波经济发展的总体思路是创新转型升级，一方面提升发展石化、机电装备、汽车及零部件、电子电器、纺织服装业等重点优势产业；另一方面是培育壮大战略性新兴产业，向集群化、规模化、高端化方向发展。考虑到还有镇海炼化100万吨乙烯、宁波万华扩建30万吨MDI等一批重大在建项目和镇海炼化扩建一体化、台塑宁波石化二期等一批重大待建项目将在“十二五”期间全面建成投产，全社会能源消耗总量将大幅上升。如果不考虑其他能源替代，这些项目建成投产后，年增原煤消耗达1500万吨以上，全市原煤消费总量将突破5000万吨/年。综合考虑现有存量和增量,“十二五”期末,宁波全社会综合能耗将达到5236万吨标煤,同比2010年增加60.3%。如果不调整能源消费结构,二氧化碳年排放量将达1.4亿吨。届时,宁波将处于二氧化碳排放总量和强度“两高”的双重困境之中。

宁波市环境状况基本良好,2011年全市化学需氧量和氨氮排放量分别为7.19万吨和1.45万吨,比上年削减3.52%和3.12%;二氧化硫和氮氧化物排放量分别为15.50万吨和27.80万吨,比上年削减3.83%和1.56%;顺利完成了2011年度主要污染物总量减排考核任务。全市总体环境质量在全国113个环保重点城市中处于中等水平。饮用水水源地水质总体良好,地表水环境质量恶化趋势基本得到遏制,局部有所改善,城市声环境质量基本保持平稳,辐射环境质量保持安全水平,生态环境质量较好。但由于煤炭消费总量居高不下、污染物排放总量大以及机动车保有量快速增长等原因,宁波市仍存在大气环境质量下降,进入2000年以来,宁波的大气环境质量呈现逐年下降的趋势。宁波的大气污染特点是具有煤烟型和机动车排气型复合污染,已经严重影响到广大人民群众的生活、工作和经济社会的可持续发展。其中SO_2和NO_x作为一次污染物,对人们的身体健康危害较大,同时还会造成酸雨,危害整个城市,NO_x是臭氧和酸沉降等二次污染的重要载体,是灰霾天气形成的祸根。随着宁波市诸多在建油库的投入运行,石油类等海洋污染物急剧增加,进一步加剧宁波市的环境压力。

近年,宁波临港工业发展非常迅速,所造成的海洋石油污染物总量也在逐渐增多和扩大,直接危及海洋环境。宁波港地区的石油类海洋污染物大多是来自石油库、港口、装运船舶和船舶修理、船舶清洗作业;装运船舶对海洋的污染主要有油轮事故、污油、含油污水的排放和船舶垃圾;船舶油污水主要有压舱水、经重力油水分离器处理后的含油污水、洗舱水等;船舶污油包括机舱污油、燃料舱污油等,船舶排污,难以监控和追查,油轮事故、溢油事故都是突然发生,污染后果相当严重,很难消除,对环境造成长期不良影响。海洋石油污染会造成海产品大量的减少,威胁到人类的食物来源。海洋石油污染会毒害海洋中大量的浮游生物,引起大量的浮游生物的死亡,减弱海洋吸收二氧化碳的功能,加速地球温室效应。城市生态环境总体良好,但水质污染、垃圾处理问题突出,局部地区烟尘污染严重，农村生态环境恶化。宁波环境保护中的主要难题在于，重化工业的聚集是宁波环境污染总量控制中的最大难题，近10多年来，重化工业在临港区域的聚集改变了宁波的工业结构，也有力地促进了宁波经济和城市的发展。但重化工业聚集对环境的负面影响，尤其是对环境污染总量控制的影响日益显现。而且环境问题的经济后果带有外部不经济的特点，即使在市场经济中也不可能靠交易合作的办法来解决，这是市场失灵的重要表现。这对于宁波打造低碳城市，也是一个巨大的挑战。

表3-3　主要高能耗产品单位能耗中外比较

项　目	国内平均值	国际先进值	能耗强度（倍数）	年份	备　注
原煤耗电（单位：千瓦时/吨）	31.2	17（美）	1.84	1994	国内为国有重点煤矿
发电厂自用电率（单位：%）	6.66	5.1（欧盟）	1.31	1998	国内为6MW以上机组
乙烯综合能耗（单位：千克标准煤/吨）	1212	714（日）	1.7	2000	
火电厂供电标准煤耗（单位：克/千瓦小时）	385	314（日）	1.23	2001	国内为6MW以上机组
吨钢可比能耗（单位：千克标煤/吨）	781	646（日）	1.21	2000	国内为重点企业
水泥综合能耗（单位：千克标准煤/吨）	181	125.7（日）	1.44	2000	国内为大中型企业
大型合成氨综合能耗（单位：千克标准煤/吨）	1200	970（美）	1.24	2000	
铁路货运综合能耗（单位：千克标准煤/万吨公里）	72.5	90（日）	0.81	2000	
载货汽车运输耗油（单位：升/百吨公里）	5.94	3.54（美）	1.68	1995	

四、经济结构与技术的制约

经济发展的历史表明，经济发展方式对能源需求及其相关的碳排放有很大的影响。内涵式的经济发展模式更注重经济增长质量的改善，能降低对能源的依赖程度，经济的发展主要建立在提高技术、改善工艺水平、降低能耗的基础上，要求清洁、高效利用能源，以能源结构的优质化作为经济不断发展的驱动力。外延式的经济发展模式主要靠数量扩张、重复建设、低效率的能源消耗和铺张浪费等粗放型的生产来刺激经济增长，短期内可能会取得巨大的经济成就，从长期来看，这种方式不可持续，是以牺牲后代人的发展为代价的短期行为。

宁波市作为东部沿海经济发达地区和长三角地区南翼经济中心，工业尤其是重工业，装备制造业十分发达。2012 年全市实现全部工业总产值 15843.9 亿元，比上年增长 2.7%。其中规模以上工业企业实现总产值 11962.1 亿元，增长 1.3%，占全部工业总产值的比重达 75.5%。其中，石油加工、炼焦及核燃料加工业完成总产值 1568.6 亿元，产值居各行业之首；汽车制造业增长 16.8%，增速居前十位行业之首。宁波市已初步形成了初具特色的三大产业结构，即由服装制造业、棉毛纺织和针织品业、电子元器件及材料制造业、塑料机械制造业、机械基础制造业、汽车摩托车及其零配件制造业、日用(家用)电器制造业、通用仪器仪表制造业、有色金属冶炼及压延加工业等传统行业组成的支柱工业；以电子信息、机电一体化、新材料等行业为主的高新技术产业；以炼油、化学、电力、钢铁、造纸和修船业等 6 大行业为基础的临港型工业。宁波有镇海炼化、中国塑料城、中海石油宁波大榭石化、神化化学品公司、浙江国华浙能发电和海天塑机集团等大型企业，是典型的重工业城市。工业对能源的需求较大，同时宁波市的工业大多处于低产能高耗能的粗放型发展状态，能源的利用率不高，造成了全市高能耗的产业结构。宁波各行业有很多产品在国内市场具有一定的竞争力，如服装、水表、注塑机、粉末冶金制品、输配电设备、电容器、钕铁硼等，但总体上依然没有摆脱产品“三多三少”现象，一般产品多、优质产品少；中低档产品多、技术含量高的产品少；初级产品多、附加值高的产品少，并且产品、行业之间关联度小、产品链短，附配件、半成品的比重高，生产的规模化、集约化程度低，原来的比较优势正面临逐步丧失的危险。因此，宁波市必须发展低碳经济，调整高能耗的产业结构，走绿色发展的道路。同时，宁波市正处在工业化发展的加速阶段，实现现代化仍然是宁波面临的最大任务。工业化阶段一般大都伴随较高的碳排放强度。

近年来，宁波市三次产业结构调整呈现上下两难格局（见表 3-4），第二产业比例始终保持在 55%以上，通过产业结构调整来降低碳排放强度，对宁波而言作用有限；而通过第二产业内部结构调整作用将更加明显，应该把节能降耗的着力点放在第二产业的行业结构和产品结构调整上。改革开放以来，宁波市工业由小到大、持续快速发展，综合实力和国际竞争力显著提升，显然成为全国典型的工业大市。但同时也必须需要清醒看到，宁波市工业产业结构不合理、自主创新能力滞后、缺少具有国际竞争力的大企业等结构性、素质性问题依然突出，传统的粗放式发展模式仍未根本转变，大而不强的问题已经严重制约了工业持续健康发展。尤其是在当前复杂严峻的国内外形势下，随着世界发达国家加速“再工业化”进程、新兴市场国家不断崛起、贸易保护主义和国际市场竞争加剧，以及土地、水、电等能源资源和环境安全压力日益加大，加快工业转型升级，实现工业由大变强已是刻不容缓。宁波市工业经济的统计数据表明：85%以上的能耗仅仅创造了 15%的工业增加值；相反，不到 10%的能耗却创造了 70%以上的工业增加值。虽然宁波已步入工业化中后期阶段，人均 GDP 已达 6500 美元，而按非农人口占总人口比重计算的城市化率为 23.2%左右，而国际上人均 GDP 类似水平的国家，相应的城市化率为 50%左右。较低的城市化水平，加之受“条块分割”和地方利益主义的影响，导致地区之间产业结构低水平趋同，重复建设严重，严重阻碍了产业结构的升级。宁波所处的发展阶段现状来说，其产业结构与发展低碳经济、推进城市低碳建设之间仍存在着比较尖锐的矛盾。而且城市化进程的加快需要大规模的住宅建设和基础设施，需要消耗大量能源密集型原材料，如水泥、钢材、化工材料等，这将带动能源密集型产业的持续增长，将对未来的能源消费和温室气体排放产生极为重要的影响。带来能源资源的大量消耗和温室气体的大量排放，钢铁、水泥、化石能源等高耗能、高污染产业的发展是推动城市化的重要支撑，是经济社会发展的历史规律。这条规律很难被打破，除非有新技术路径的选择，否则工业化完成之后，会形成高碳排放的锁定效应，造成长期的大量能源消耗。

宁波目前能源生产和利用以及工业生产等领域技术水平相对落后，研发能力和关键设备制造能力不高。科技投入严重不足。尽管近几年科技三项经费成倍增长，但由于原来基数小绝对量投入依然十分有限，同时，宁波的重点行业中落后工艺淘汰率仍然不高，减少二氧化碳排放技术的运用尚不广泛。落后工艺技术的存在、先进减排技术的缺失，使得宁波工业生产和基础设施建设呈现高排放的特征在未来几十年将难改变。如果没有重大的低碳技术的引进和创新，可能会陷入一个所谓"锁定效应"的困境，这将极大地增加宁波向低碳发展模式转变的成本，并给宁波带来更大的减排压力，错过经济增长的新机遇，丧失竞争力。应对气候变化的技术开发和创新对于宁波甚至对世界各国来说都是新问题。发展低碳经济建设低碳城市对技术创新能力提出了更强烈的要求。因此，实现一个从传统发展路径向一个创新性的发展路径转变，实现低碳技术创新与技术转让是宁波建设低碳城市的关键一环，总体技术水平的落后是宁波推进低碳建设的严重障碍。

表 3-4　宁波市产业结构的调整变化

年份	GDP（亿元）	第一产业（%）	第二产业（%）	第三产业（%）	产业结构的调整过程
1978	20.17	32.3	48.1	19.6	第一产业比重高于20%，第二产业比重逐步增长
1990	141.40	20.3	55.2	24.5	
1997	879.10	10.1	56.5	33.4	第一产业比重持续下降，从20%降到6%以上，第二、三产业稳步上升
1998	952.79	8.9	56.1	35.0	
2000	1144.57	8.2	56.0	35.8	
2004	2109.45	5.7	57.0	37.3	第一产业比重低于6%，第二产业比重上升到最高水平，然后转为相对稳定或有所下降，第三产业比重持续上升
2005	2447.32	5.3	55.3	39.4	
2008	3946.52	4.2	55.4	40.4	
2009	4329.30	4.2	54.6	41.2	
2010	5125.80	4.2	55.6	40.2	
2011	6010.48	4.2	55.5	40.3	
2012	6524.70	4.1	53.9	42.0	

数据来源：《宁波统计年鉴》。

五、观念和体制机制的制约

随着全球人口与经济的不断增长，能源使用带来的诸多问题已给人类的生存与发展造成了巨大威胁，大气中二氧化碳浓度升高带来的全球气候变化也已被确认是不争的事实，瞬时间各种会议、报道铺天盖地，各省促进低碳经济发展的政策也相继出台，但总体上运行成果并不显著，这主要是由于社会参与不足，大众的低碳意识依然略显薄弱。虽然低碳理念得到了大众的一致赞同，但真正落到实际工作和现实生活中，仍存在很大的行动阻力和漠然的思想懈怠，低碳意识依然很匮乏。政策再好，运行不起来也是徒然，媒体报道再火热，也不表示社会大众低碳意识的强化。政府和企业推出各种低碳节能产品，可公众就是不买账，因为低碳产品成本高，用低碳节能空调比不低碳节能的还要费钱。对于促进低碳经济的发展很多人对低碳观念迟疑徘徊、犹豫观望，在这种状况下，公众的低碳意识很难真正形成，更不要提要在大范围内促进低碳经济的快速发展了。长久以来的经济发展模式存在一定的稳定性，很难在短期内改变其生产运行方式。另外，当前我国正处在社会主义发展的初级阶段，经济效益依然是衡量我国各项发展的重要指标，使其占据了人们更多的关注度，进而导致人们对环境污染问题的忽视。另一方面随着生产力的发展，宁波市生产总值的增加，人民生活水平得到了显著的提高，使得人们尤其是城市居民对物质消费的欲望得到了释放，社会生活中出现了不顾及能源消耗甚至奢侈消费的倾向。从社会生产角度来说，作为其重要环节之一的消费具有承前启后的效应，生产决定消费，但是消费又为生产创造需求，为生产提供市场。但是，社会消费模式的不合理，不仅会导致奢侈浪费之风的蔓延滋生，更重要的是不合理的生活和消费模式会产生错误的物质和精神需求，扭曲市场产品的供给方向，制约社会的可持续发展。宁波市随之生活水平的提高而出现的无度浪费和奢侈消费现象必然会带来碳排放量的增加，影响城市生态环境的平衡和城市节能减排工作的进行，阻碍了推进城市低碳的建设。只有全民共同努力才能促进低碳经济的快速稳定发展。仅靠形式化的加强公民的低碳意识，呼吁宣传是不够的，更需要的是实实在在的付诸行动。

目前低碳城市建设主要由政府推进，这对于低碳城市建设也是一个挑战。政府是国家各项政策方针的总揽者,要顾及到社会发展的方方面面,因而分到任意项目上的精力就会相对较弱,进而会造成力不从心,政策运行困难的状况。如宁波在促进低碳经济发展的金融支持上就尽显不足,首先是由于大多的金融机构对于低碳经济了解少,认知匮乏。低碳经济是一种新型的经济模式,当前,我国很多金融机构如建设银行、工商银行等对低碳经济缺乏认识,相应业务的运行、审核、风险预测、交易管理、利润估计等都处于盲目状态。由于相应人才和信息的严重缺乏,使得贷款业务等难以展开。另外,低碳经济的发展属于公益事业,利润空间小,这与金融机构的根本目标相冲突,如果没有相应的优惠政策,如减免相应赋税或是优先政策来增加市场企业的利润空间,那么低碳经济在宁波的发展就会受到一定的阻碍。而如果政府全力关注于此的话,那么则无暇致力于其他政策的实施,力量有限,低碳经济的发展还得靠市场的运行,社会全体的参与支持。其次,如果政府单方面治理,往往就会导致低碳经济的区域内垄断,与人民大众脱离,其主要模式就是资源配置一元化,运行方向单一性,下级只是盲目的完成上级的政策指示而已,缺乏自主、讨论、竞争绩效等形式。社会参与方式主要为:政府上层作出政策决定,行政部门盲目执行,注重形式化的工作流程。许多政策思想没有得到社会大众的认识与支持,也没有顾及到各方面利益团体的实际利润,因此,他们无法产生积极性,不能对政府的各项政策产生责任感和热衷度。由此,政府的一元化供给陷入一系列困境中,使低碳经济的发展步步维艰,也很可能导致昙花一现的状况。所以,政府必须尽快改变现有的传统一元化供给模式。

《京都议定书》颁行之后,一些国家、企业以及国际组织为其最终实施开始了一系列的准备工作,并建立起了一系列的碳交易平台。其中,欧盟所取得的进展尤为突出。2005 年 1 月,欧盟正式启动了欧盟排放交易体系,并已经发展成为全球最为重要的碳交易市场。在国内,2008 年 8 月中国在北京和上海相继成立环境交易所,9 月天津排放权交易所也在滨海新区正式揭牌。2009 年 3 月 28 日,湖北环境资源交易所在武汉成立;8 月 16 日,昆明环境能源交易所正式挂牌成立。但宁波市在排污权交易方面可以说是才刚刚起步,缺乏系统设计和成套的规章制度,没有市场化的运作,没有经济手段的激励作用,企业缺乏研发低碳技术、参与低碳发展、保护环境的主动性和积极性,低碳城市建设将难以推进。

第四章 建设低碳城市的生产伦理维度

生产环节是碳排放的主要部分。马克思曾说过:“我们得到的结论并不是说,生产、分配、交换、消费是同一的东西,而是说,它们构成一个总体的各个环节、一个统一体内部的差别。”[①]生产在经济运行中处于主导地位,同样,生产伦理在整个经济运行中也具有重要的意义。从伦理学角度来看,低碳社会应当是一种充满人文关怀、探寻人类大众共同福祉的现代社会,这个社会的建设主体就是具有这种人性情怀的人。要实现从传统经济增长方式向低碳经济发展方式的转变,必须构建与之相适应的伦理支撑体系,提供低碳经济发展各环节的道德规范,倡导以整体利益、长远利益为重的共存共生、互利共赢的企业义利观。

第一节 低碳生产的伦理价值

生产是社会再生产过程的起点,对交换、消费、分配等其他一系列环节有重要的影响和意义,作为生产的人类活动又是人类最基本的经济实践活动,它不仅决定着不同时代道德的产生和发展,又必然受到一定社会发展阶段伦理的影响,历史上每个社会形态及各个不同的历史发展阶

① 《马克思恩格斯选集》第2卷,人民出版社1995年版,第9页。

段，都体现了社会生产与伦理之间的辩证关系。因此，企业在创造自己社会关系的同时也受到这些社会关系的制约。每一个主体及社会关系其都有特定的利益和伦理要求，这就决定了企业在自己的生存发展中必然承担着特定的道德责任。

一、低碳生产的内涵和特征

1. 低碳生产的提出

自2003年英国政府发表能源政策白皮书——《我们能源之未来：创建低碳经济》以来，低碳经济理念便迅即引起各方关注并得到世界各国认可。然而，要将低碳经济从概念转化为行动，就必须寻求明确、具体的发展路径。由于物质资料的生产、流通、分配、消费构成整个社会经济活动的四项基本内容，生产又是流通、分配、消费等各项经济活动的基础。低碳经济的发展路径应以低碳生产为逻辑起点。“低碳生产”(low carbon manufacturing/production，缩写为LCM或LCP)是相对于大量消耗煤炭、石油等化石能源、并以高能耗、高碳排放、高污染为特征的“高碳生产”而言的。早期的农业社会本质上就是一个低碳社会，太阳能不仅为自然生态系统循环提供了巨大的能量来源，也为人类生存提供了生物质能。工业社会时期，城市大力发展重工业而过多地依赖煤等不清洁能源，钢铁、化工、建材、机械设备、汽车、造船等高能耗、高碳排放的重工业成为国民经济增长的主要动力，这些行业带来的利益是巨大的，但短期的经济效益却会影响城市的可持续发展力，城市需要对自身的能源需求和使用进行重新的规划和利用。由于大量消耗煤炭、石油、天然气等化石能源，致使地层中沉积碳库的碳以较快的速度流向大气碳库，从而引发了温室气体效应，导致全球气候变暖以及一系列环境灾难，这是低碳生产提出的直接原因。其次，煤炭、石油等碳基能源逐步耗竭是发展低碳生产的内在要求。再次，低碳生产有着巨大的经济效益与环境效益。相对于大量消耗煤炭、石油等化石能源、并以高能耗、高碳排放、高污染为特征的“高碳生产”而言，以低碳生产为基本内涵的发展模式便提到了日程之上。

2. 低碳生产的涵义

在全球气候变暖以及煤炭、石油等化石能源耗竭的大背景下，在生产领域如何节约能源消耗、努力降低 CO_2 等温室气体排放，即努力实现低碳生产。低碳生产是“从供给角度倡导低碳理念、追求能源高效利用、清洁能源开发等”。低碳生产是以减少温室气体排放为目标，构筑低能耗、低污染为基础生产体系，包括低碳能源系统、低碳技术和低碳产业体系。低碳能源系统是指通过发展清洁能源，包括风能、太阳能、核能、低热能和生物质能等替代煤炭、石油等化石能源以减少二氧化碳排放。低碳技术几乎遍及所有涉及温室气体排放的行业部门，包括电力、交通、建筑、冶金、化工、石化等，在这些领域，低碳技术的应用可以节能和提高能效。而在可再生能源及新能源、煤的清洁高效利用、油气资源和煤层气的勘探开发、二氧化碳捕获与埋存等领域，开发的一些新技术，可以有效地控制温室气体排放，也属于低碳技术。低碳产业体系包括火电减排、新能源汽车、建筑节能、工业节能与减排、循环经济、资源回收、环保设备、节能材料等。

低碳生产具有以下几个基本特征：第一，全能耗，指生产过程中直接能耗和间接能耗的总和。前者是指产品生产过程中的直接能源消耗，包括煤、油、天然气等一次能源消耗和电、煤气、蒸汽等二次能源消耗；后者是指产品生产所需的原材料、设备、厂房等在其取得或建造过程中的能源消耗。因此，在节能过程中，既要千方百计降低单位产品或单位产值的直接能耗，又要千方百计降低原材料的消耗，充分发挥设备、厂房的作用，使单位产品或单位产值的间接能耗最低。第二，低排放，包括相对的低碳排放和绝对的低碳排放两种情况。前者是基于资源投入与产出的成本效益原则而言的，如果生产过程中单位碳要素投入带来经济利益的相对增加，即温室气体排放量的增加幅度低于生产产出的增长幅度，则可称为相对的低碳排放；后者强调一定时期内一个企业、一个行业、一个地区或一个国家碳排放总量的绝对降低。第三，高产出，指用更少的物质和能源消耗产生出更多的社会则富。第四，持续性，即强调低碳生产的实现不是一蹴而就的，应该基于“持续改进”以及“动态平衡”的思想，从产业链的各个环节以及产品设计、生产、消费的全过程探索节约能源消耗、减少 CO_2 排放的实现途径。第五，行业性，即在不同的发展阶段，一个国家（或地区）的产业结构不同，对能源的消耗强度及由此引起的碳排放强度不同。在三次产业中，第二产业的能耗强度远远高于第一产业和第三产业。在第二产业中，重化工业的能源强度远高于一般制造业；而且在同一行业中，技术水平越低则能源强度越高。可见，产业结构影响能源消耗总量和能耗强度，第二产业是实现节能、减排，促进低碳生产的重点行业。[①]

二、低碳生产的伦理意蕴

1. 生产活动的道德属性

生产活动是人类通过生产工具作用于生产对象的实践活动，它所体现的是按照人的尺度来改变自然物的原初形态使自然发生合乎人的目的性变化。生产活动既是最直接作用于自然的人类活动，又是最容易造成自然破坏的人类活动。生产活动首先面对人与自然的关系，要从道德角度调整人与自然的关系，必须确立关于环境的基本道德原则，以可持续发展伦理观为准则、为判断生产行为合理与否的依据。生产活动是人的活动，生产的社会性、资源的有限性，决定了人们在生产过程中必须协调彼此之间的利益关系，于是就产生了人与人之间的公平、公正、诚信等伦理智慧。生产活动的直接结果是产品的实现。人类的产品生产、消费观念决定了人与物质的关系确当与否。现代化生产只有处理好人与自然、人与人、人与物质的关系，才能走出传统的生产、发展模式，实现生产的伦理规约，实现环境、经济和社会可持续发展。

生产伦理是指人们在生产活动中的伦理精神或伦理气质，是人们从道德角度对生产活动的根本看法，是人们在生产中形成的伦理观念、共同价值观念、道德规范、行为准则和历史传统等意识形态。生产是劳动者通过使用劳动资料作用于劳动对象，使劳动对象发生预定变化的行为。生产一方面是一个自然过程和物质变化过程，即为了满足人类某一方面的需要，产出具有一定使用价值的物质资料，是人类同自然进行物质交换以满足人类生存为目的的自然行为；另一方面又是人类价值关系形成、发展、变化的社会行为。生产意识、生产心理、生产动机、生产意向、生产行为和生产模式等都是在社会中发生、完成的，并受到伦理文化的深刻影响。一定社会的生产构成、生产习惯等不仅取决于社会经济条

---

① 参考赵贺春:《低碳生产的内涵及核心要素分析》,《中国集体经济》2012 年第 6 期。

件，而且与历史传统、风俗习惯、消费需要心理、社会道德状况等密切相关；社会生产更折射出主体自身的价值认定，社会生产某类物质而不生产某类物质，常常有着价值观念的制约与影响。因此，生产是一种伦理文化现象。人类生产对社会产生一定的影响并造成一定的道德后果，往往是通过一定的社会关系和道德关系表现出来，生产具有自身的道德性。而道德作为人类生存方式的特殊方面，常常受到物质生活条件的制约。道德既是自然选择的结果，又是人类自身选择的产物。道德生存方式要求人们在自己谋求生存发展的同时，考虑他人、社会甚至其他存在物的生存和发展，并用一定的方式谋求自己、他人、社会及其他存在物的和谐共存与共同发展。物质生产与道德精神在社会实践中处于共构状态，物质生产中蕴涵着道德精神，道德精神又以物质生产为支撑。只有物质价值（自然价值、经济价值）的生产缺乏精神升华，是不能从动物基础上提升的生产。人类在生产过程中寻求物质价值的同时，必须赋予生产深厚的精神价值。

低碳行为之所以具有伦理性质，正是基于生态文明下的共生观念：低碳行为以解决环境问题，进而实现人类和自然的共生为价值目标，共生观念赋予低碳行为以道德意义。在工业文明时期，在主体性哲学指导下，人是自然的主人，人与自然处于改造与被改造的两极，人与自然还没有形成共生观念，更无所谓对自然减少碳排放的“低碳”意识；在生态文明中，人与自然和谐共生的观念得到全球有识之士的普遍认同，以改善自然环境状况为目标的低碳行为日益成为人们关注的焦点，并被纳入道德规范的体系。生态文明下的共生观念构成低碳伦理的理论基础。低碳伦理是一种以人与自然和谐共生为价值目标、以减少碳排放为行为规范的伦理观。这里存在一个人与自然谁在价值上优先的理论问题，在学术界引发出人类中心主义与非人类中心主义的争论。人类中心主义是与工业文明下的主客二分的主体性哲学相适应的，是人类理性和意志力向自然无限膨胀的结果；非人类中心主义则是对主体性哲学走向另一个极端的反叛。人类作为自然界目前发现的唯一具有自由意志的物种，能够自觉意识到并不断反思人与自然的关系，实现作为“类”的最高价值，并赋予其他物种和整个自然以应有的意义，因而事实上处于价值系列的最高位置。另一方面人类只是自然的一部分，即使人类自诩为自然能动性的自为显现，将人类精神提升到自然界自发价值之上，成为主体性存在，可最终也无法跳出自然界终极规律的制约，无法将自身与整个自然界彻底对立起来。马克思把自然界比作人类的“无机的身体”。人类不能成为自然的所有者，却可以成为自然的占有者。在人类具有自由意志的意义上，人类中心主义具有某种合理性；在人受自然规律制约的意义上，非人类中心主义具有某种合理性。在奠基于生态文明的低碳伦理观念下，必须跳出主客二分式的主体性哲学架构，弘扬人与自然一体的“共生”哲学：在终极价值的意义上，坚守人类作为生态系统中的最高价值主体的立场；在终极价值实现的现实途径上，坚持整个自然作为生态价值和人类自身价值的价值基础的观点。

低碳伦理正是在生态文明共生观念的视野下，才具有理论的合理性。在工业文明主客二分观念中，人在改造自然程中的高碳行为，正好体现人的主体性，因而具有道德合理性。与此形成鲜明对比，在生态文明共生观念下，低碳行为出于对整个人类、整个生态系统的道德关切，因而具有了伦理的意义。生态文明的共生观念提出人对自然界的恰当尊重和责任，从时间和空间的角度，它从现在扩展到未来，顾及遥远的人类与世界的未来；从区域扩展到全球，顾及全球范围的人类生存条件；从人际关系扩展到生命和自然界。它关心未来，关心自然，关心后代，关心整个自然界。在这种共生观念之下，低碳行为被赋予了道德崇高性，低碳伦理取得价值合理性。从伦理学角度来看，低碳社会应当是一种充满人文关怀、探寻人类大众共同福祉的现代社会，这个社会的建设主体就是具有这种人性情怀的人。所以，道德建设是低碳社会建设的最重要的内容，也是最高的公义。作为现实的社会的人，必然是自然属性、社会属性和精神属性高度合一体，而不能是被物质至上的单向度的人。构建一种低碳伦理并以这种伦理价值观念来影响社会主体在社会经济建设中的行为，将会使一个社会摆脱和超越工具理性的束缚，逐渐突显其本质属性——道德属性。这是因为低碳伦理是以内心信念和自主意识参与经济活动的，是利用伦理道德的积极自主性推动低碳化发展行为，它是各类社会主体自我要求、自我完善、自我发展的内在动力。社会活动主体在经济活动和生活活动的过程中，可以不断通过道德认知、宣传教育、舆论驱动，使自觉接受、培养、提倡、践行新时期经济社会发展所需的价值原则、道德规范，并且不断地将它们内化为主体内在的理想、信念、命令，为社会主体的自我完善和发展提供原动力，从而激励人们不断追求一种符合人类长远发展利益的发展模式。这种低碳价值观一旦形成理性的道德信念，便会持久地发挥其应有的功能。它能够强化政府、企业、个人在低碳发展方式中的主体责任意识，使这些主体重视低碳伦理本身所具有的重大经济意义和社会意义，积极参与低碳伦理价值体系的构建之中，使经济发展符合低碳原则与规范，做到经济和社会活动低碳化。

2. 生产的伦理困境

在现代市场经济体制中，物质生产活动是一种经济行为。现代经济学中的"经济"指的是社会物质生产和再生产的活动，把经济活动理解为以获取利益为目的、以物质为载体的人类行为过程。在经济活动中，追求正当合宜的利益既是社会主义市场经济正当运行的动力，又是经济行为的价值目标之一。现代生产活动是人们维持不断提高的物质和文化生活水平的基本手段，追求正当、合宜的个人利益是现代生产活动的基本目的，也是实现人的基本需要的重要方式，更是生产活动得以进行的基本前提(先定条件)。我国曾一段时期忽视个人合理利益的追求，把经济主体完全看成一个抽象的主体——国家，完全否定经济主体的利己倾向，要求经济主体做完全的"道德人"。淡化个人合理的经济利益要求，从而淡化了经济活动中主体的内在动力。这种完全否定个人正当利益的观念阻碍了经济的发展，而在社会主义市场经济体制不完善的发展过程中，经济主体被动要求获取个人正当利益，一旦卸下传统道德人理念的桎梏，经济主体便不顾他人、社会利益，不择手段获取私利，从而滑向极端利己主义深渊。为追求一己私利，可以不择手段；为追求眼前利益，可放弃长远利益。如果说工业时代的物质主义是以"商品拜物教"的形式支配着人类的生产与生活的话，那么现代物质主义则以过分追求财富积聚、忽视人的需要的多元性、狭隘理解人的幸福为物质享受等形式影响着人们的生产、经济行为。20 世纪四五十年代，西方经历着它的经济繁荣时期，物质财富的大量涌流造成了人们生活的安定和普遍富裕，由于教育的普及和消费的发展，西方传统的宗教价值观受到了持续的削弱和瓦解，物质主义价值观盛行一时。特别是在五六十年代西方经济增长的"黄金时代"，人们对物欲的满足、金钱的追求表现出极高的热情，物质主义、消费主义一度成为社会生活的主流。五光十色、令人眩目的物质消费景观使物质主义空前膨胀,导致了丰饶中无约束、无克制的纵欲无度。病态的物质追求和外在消费主义文化的催化作用使人们失去了广泛的生活意义,人们精神腐败堕落,社会精神空前崩溃。长期以来,资产者以损害穷人利益为代价积聚财富,导致在环境权利面前的社会不平等。资产者通过对经济资源的占有和控制,通过社会生产攫取超额利润。在这一过程中,劳动者是被剥削阶级,劳动对象是自然资源,资产者通过社会物质生产剥削工人的剩余价值,同时剥削自然价值,实现对人与自然的双重剥削。资本的运行使社会贫富差距和环境不公正问题越来越严重,因为它对人与自然的双重剥削是彼此加强的。现代生产者为了在生产竞争中立于不败之地,千方百计推出超越人们"当前需要"的新产品,通过市场制造虚假需求,想方设法驱使消费者购买,使人们膺服于商品世界的拜物教。人们所创造的产品成了一个不再以创造者的意志为转移而反过来反对创造者的独立存在物。正如E.舒尔曼所说:"一旦经济主义主宰了技术,利润取得了核心地位,商品的生产就不再受到消费者的当前需要支配:相反,需要是为了商业性原因而通过广告创造出来的。技术产品甚至不经人们的追求而强加于人们。"[①]

一部人类生产史是一部人类不断追求、实现自身利益的历史。工业文明阶段,人类在以特定的生产方式取得了丰硕的物质文明、实现了人类最大利益的同时,却付出了沉重的代价,经济的发展带来了一系列的环境问题。不合理的传统生产、经济模式不可避免地造成了生产与生态悖论产生。现代生产所带来的经济增长是以空洞的假设为前提的,一是生产所依赖的自然资源的供给能力具有无限性,在数量上是不会枯竭的;二是自然环境的自净能力具有无限性,在容量上是不会降低的。在这种假设前提下,人们在经济活动中任意索取、掠夺、污染与破坏生态环境资源,结果使现代生态经济系统基本矛盾日益尖锐化。一方面人类经济活动需求的无限扩大与生态系统负荷过重而供给能力相对缩小的矛盾日益突出;另一方面人类经济活动的不合理排污量迅速增长与生态系统净化能力及环境承载力下降的矛盾日益尖锐。人类与自然的矛盾导

---

① E.舒尔曼:《技术文明与人类未来》,东方出版社1995年版,第359页。

致生产与生态极不协调，结果使人类陷入两难境地：人类既要生存、发展，又要考虑自然环境的维护；既要追逐经济利益的增长，又要考虑环境代价的损耗；既要满足当下消费的需求，更要顾及后代的生存权利。人类的全部经济活动都以可消费的自然资源与环境质量为对象，不依赖自然、利用自然，生产活动就无法有序进行，人类生产与自然环境的冲突性逻辑地导致了生产与生态悖论产生："两种对立的正确认识"，现代生产要发展，必须改造、利用自然资源；现代生产过分依赖、利用自然，又会导致生态危机产生，从而阻碍生产发展。即越是过分地利用自然发展生产，越容易造成生态环境的破坏，从而越是阻碍生产发展，这是一恶性循环过程。生产与生态悖论问题不仅仅是个经济问题和技术问题，其实质是个文化问题与价值问题，是价值取向问题，是目标与意义的选择问题。要消解生产与生态的悖论，必须从价值观念角度超越传统的生产活动价值取向，实现生产的伦理规约。生产既是一个自然过程、物质变化过程，又是人类价值关系形成、发展和变化的社会行为，物质生产本身具有道德价值；道德既是自然选择的结果，又是人类自身选择的产物。道德作为人类特有的生存方式，其存在必须以物质为前提，要从道德上为可持续发展和生产找到合理的支撑。为解决生产发展所带来的经济性问题，必须从思想上为人们找到一种新观念——可持续发展伦理观；实践中，人们找到的新出路实质是——发展绿色产业、进行清洁生产、实现低碳发展。

3. 低碳生产伦理的价值

法国著名经济学家佩鲁受联合国教科文组织的委托，提交了一份名为"新发展观"的报告，认为新发展观应该是"发展＝经济增长＋社会进步"，并将一切人的全面发展作为发展的价值取向。1995 年在哥本哈根举行的世界首脑会议上，明确提出我们的目的是"建立一个以人为中心的社会发展框架"，"社会发展的最终目标是改善和提高全体人民的生活质量"。在发展问题上，中国始终坚持"可持续发展以人为本"的原则，指导我国在未来五年时期内的国民经济和社会发展。简言之，社会发展和经济发展的最终目的都是为了一切人的发展和人的全面发展，在于满足所有人的需要和更好地生活。

经济基础决定上层建筑，生产及其形成的道德关系决定着伦理，这是历史唯物主义的基本理论,也是伦理进步的客观逻辑,不容倒置。生产伦理作为人类在实践生产活动中的伦理精神或者伦理气质,是人类从伦理道德角度对生产活动和生产方式的根本看法。以人为本的可持续发展的生产道德理念就是以要求人们从片面追求经济增长的单一目标转向实现以人为本的全面、持续的发展为目标,实现人与自然的、人与社会的和谐共存,从人民群众的根本利益出发谋发展、促发展。发展低碳经济正是实现了人类在生产领域的价值追求和伦理定位,它和以人为本的科学发展观所贯彻的发展目标是一致的,就是要把"以人为本"作为发展的最高价值取向,"尊重人、理解人、关心人",从而不断满足人的全面需求、促进人的全面发展,其实质上就是要寻求自然、经济、社会之间关系的总体和谐、可持续的发展,从而能不断满足人类的物质文化需要,切实保障人民群众的经济、政治和文化权益,让发展的成果惠及全体人民。在这种价值趋向下,低碳经济的这种经济模式的发展是十分必需的,它能够改变在生产领域内由于人们的认识落后造成的资源浪费、能源耗损、生产方式落后、产业层次低、经济结构落后的格局,不仅真正使人类从思想的根源树立起发展低碳经济的生产伦理的价值趋向,而且能够加快落后生产力的淘汰,推动产业结构优化的升级,从根本上转变了发展方式和理念,营造一种"富强、民主、文明、和谐、生态"的社会状态,这种社会状态也是人类生存的理想状态,充分体现了人的全面发展这一实践目标。

第二节 实现低碳生产的障碍

企业是从事生产、流通、服务等经济活动,通过提供有形和无形商品满足社会需要,实行自主经营、自负盈亏、独立核算的经济组织。在工业文明发展的历史长河里,企业既是社会物质财富的创造者,也是环境破坏的主要责任者。在当前全球经济"低碳"化的大趋势下,为了全社会的可持续发展,为了企业在未来能有一个更好的发展环境,企业必须承担相应的社会责任。企业社会责任正在演化成为 21 世纪的一种新型商业模式,它明确界定了一种新的商业范畴,其核心概念是,企业如何对社会、经济以及环境问题产生影响并受其反影响。在这个提倡企业社会责任的新时代，企业需要做出一种姿态来严肃对待可持续发展问题。

一、低碳生产的认识不足

1. 过高的 CO_2 排放

中国工业部门产值占 GDP 的比重较大，其排放的二氧化碳占中国碳排放总量中的 84%以上，并且工业部门碳排放强度要比农业和服务业高很多。按照 IEA(2009)的研究结果，电力与热力工业占中国碳排放的比重接近一半，是排放量最高的行业，其次是制造业和建筑业，其碳排放所占比例为 31.2%，交通和日常生活则各自占一个相对较小的比重(见图 4-1)。

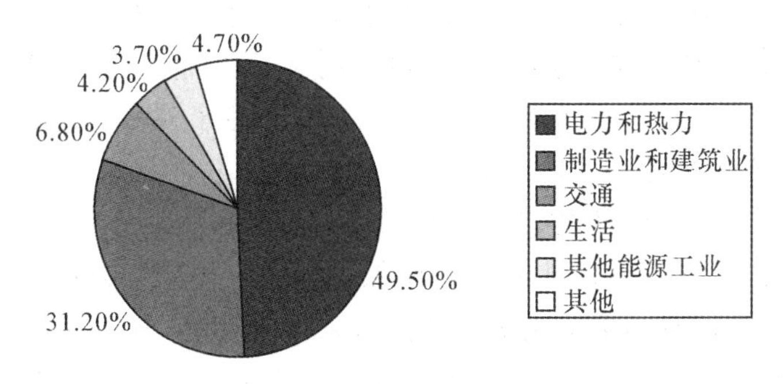

图 4-1　中国不同行业 CO_2 排放量的比较

按照中国通行的行业划分方法，在工业部门内部，排放量排名前 5 位的行业分别是电力、热力的生产和供应业(40.1%)，石油加工、炼焦及核燃料加工业(24.2%)，黑色金属冶炼及压延加工业(7.3%)，非金属矿物制品业(6.7%)和化学原料及化学制品制造业(6.0%)。这 5 大行业排放量占整个工业 CO_2 排放比重高达 85%左右，是减排政策应当关注的重点，尤其是前两个行业，碳排放量比重为 65%左右(见图 4-2)。

中国企业在改革开放 30 多年的发展过程中不断壮大，在提高自身经济实力的同时也逐渐认识到了企业与社会、环境之间的共存关系，开始有意识参与环境保护，但是依然有很多企业受传统经济发展模式的影响，从事着高排放、高污染、高能耗的经营活动，严重制约了我国低碳经济发展的进程和 2020 年二氧化碳排放量降低目标的实现。主要体现在：

一是传统经济模式是一种“资源—产品—污染排放”所构成的物质

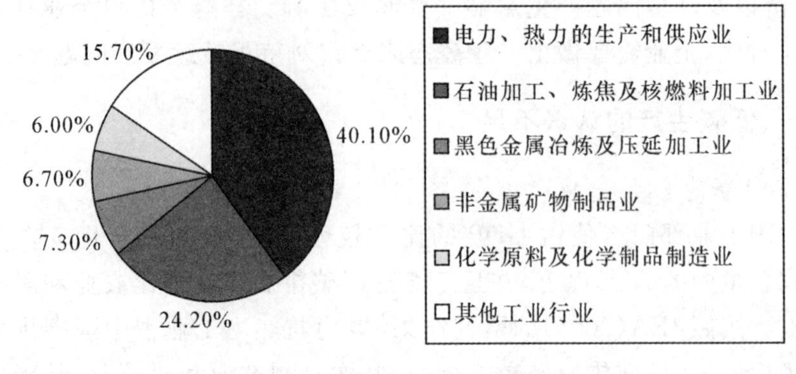

图 4-2 中国工业中的主要 CO_2 排放行业

单向流动的线性经济，在这种模式中企业越来越高强度把地球上的物质和能源开采出来，在生产加工和消费过程中又把污染和废物大量地排放到环境中去，对资源的利用常常是粗放的和一次性的，通过把资源持续不断地变成废物来实现经济的数量型增长，导致了许多自然资源的短缺与枯竭，酿成灾难性环境污染后果。

二是受盲目乐观的技术理性的支配，采取利润最大的工艺流程、生产技术和方法，而不过多地考虑环境保护，甚至不惜污染环境，破坏生态平衡。面对资源环境和自然环境灾难，采取先污染、先规划后治理的方式，从而造成了诸多生态危机，如工业废气中的二氧化碳的排放导致的温室效应，严重危害了人类生存和发展环境的可持续利用。

三是虽然在企业的社会责任中也提出应保护环境，但是在现实经济生活中企业在承担保护环境的社会责任上仍处于被动状态。大部分大中型企业在环保工作中只是注重在生产的最后环节消除生产过程中产生的污染，对于产品原材料的节约、减少碳能源使用及废弃物如何无害化处理或循环利用，以及产品在使用过程中如何避免污染环境等方面未进行充分考虑。而相当多的一部分小型企业要么只图自身利益最大化根本就不履行环境责任，要么就只是敷衍上级行政管理部门的检查进行表面环保工作，要么虽有环保想法却由于人力、财力、物力有限无力付诸实践，从而使环境责任履行效果甚微。在传统经济发展模式中，生产者责任仅限于产品质量责任，而低碳经济条件下的经济发展模式要求将生产者的责任延伸至资源的节约、循环利用、减排以及环境保护等领域。所以低碳经济条件下，企业作为社会生产的主导力量，为谋求整个社会的可持续发展和环境资源的永久存续，提升在低碳经济下的企业竞争力，就应该承担好企业的环境责任。与此同时，政府和社会也应该为企业在低碳经济条件下更好地承担环境责任，创造良好的外部环境，只有这样我们才能真正实现在社会生产过程中节能减排、低碳生产、低碳消费，以及经济、社会、环境的和谐发展。

2．企业对低碳生产认识上的错误

当前企业在对低碳生产的认识上存在片面性：第一个片面性是认为服务业是低碳的，工业是高碳的。一旦发展低碳经济，那么高耗能、高排放的重工业就要被淘汰。第二个片面性是认为低碳经济就是要采用先进的技术、低碳的能源，这样一来，企业的成本太高了，做不来。第三个片面性在于，没有将低碳发展融入到企业的核心业务中去，而仅仅将其局限于减少打印纸张、关闭电源开关、调整空调温度这些浅表层次。显然这些认识上的误区是对低碳经济的内涵了解不足而导致的。实际上"低碳经济是一种绿色的经济发展模式，它以低能耗、低污染、低排放和高效能、高效率、高效益（三低三高）为基础，以低碳发展为发展方向，以节能减排为发展方式，以碳中和技术为发展方法的绿色经济发展模式"。中国大多数企业对气候变化的认识都停留在"节能减排"和"发展新能源"上，尚未对低碳发展带来的机遇与挑战有清晰的了解。相当多的企业对于气候变化对行业发展前景的影响认识模糊，也对碳税、碳金融、碳排放的监测、核查和报告等机制的可能影响缺乏概念。目前，部分企业已经走在了前列，着手制定本企业的低碳发展战略，但如何将该战略与企业长期发展相结合，实现企业低碳和发展的双赢目标，还需要时间摸索。这对大的企业而言，还有不少动力；但是对众多中小企业来讲，由于变革带来的巨大风险，以及企业规模难以把握短期内的低碳机会，动力不强。我国企业对低碳经济和低碳生产的概念还比较陌生，据调查，只有38%的企业了解低碳经济的概念，只有30%的企业了解低碳生产的概念，有10%的企业对低碳的概念一无所知。很多企业认为进行低碳经济转型要投入巨大资金，是政府转嫁给企业的负担，不仅不能提高企业经济效益，反而会降低企业经济效益。另外，由于不同企业的现代化程度有所不同，所以在同一行业内，不同企业之间的排放量也存在着巨大差异。随着市场经济的发展，部分在资金实力、技术水平以及治理结构上，都正在逐渐和国际先进水平接轨，尤其是一些现代化的大型国有企业，通常拥有先进的生产技术，所以单位产出能耗相对较低。相反，目前仍有大量的中小型企业在使用那些高污染、高耗能的落后技术和设备，并且在中国目前的技术分布中，这些过时的高能耗技术比重还相当高。

目前中国企业应对气候变化，除部分企业节能减排工作纳入了国家节能减排战略之外，基本是企业内部行为，并未实现与国际接轨。主要体现在：缺乏低碳发展的全球化视野，对碳关税、碳足迹标准、碳交易、国际技术合作等新生事物认识不足；过多地强调企业责任，将应对气候变化视为发展负担，忽视其中的巨大机遇；应对努力未与品牌建设结合起来，在国际上宣传不够。此外，在应对气候变化行动方面，大部分外资企业并未将国内标准与国际接轨。这一方面是由于我国相关的政策法规尚未出台；另一方面由于国内相关配套机制不健全，消费者认可程度不高导致。

3.“碳标签”落地宁波尚需时日

碳标签，专业的说法叫“碳足迹计算”，是指产品从原料、制造、储运、销售、废弃到回收全过程产生的二氧化碳排放量。从 2007 年起，英国政府为应对气候变化，专门成立碳基金，鼓励向英国企业推广使用碳标签。英国最大的超市特易购(Tesco)率先响应。日本、法国紧随其后，鼓励本国公司在商品包装上详细标注产品生命周期每个阶段的碳足迹。美国、瑞典、加拿大、韩国等国家也在国内推广使用碳标签。2009 年 12 月 16 日，北京环境交易所发布中国首个自愿碳减排标准——“熊猫标准”，确立自愿减排量的检测标准和原则，并规定自愿减排流程，评定机构规则限定等内容，为国家征收能源税、完善中国的碳交易市场机制，奠定了制度和技术基础。“碳标签”这个概念宁波企业已经有所耳闻，但是目前宁波并没有一家企业真正实施，“碳标签”落地宁波尚需时日。低碳浪潮席卷全球，带来的不单单是对以往发展模式的反思，更多的是面临利益冲突时艰难的抉择。虽然目前在出口产品上加贴碳标签仍是企业自愿行为，但 10 多个发达国家推广使用碳标签，传递出其正在成为一种趋势，宁波企业低碳化迫在眉睫。宁波大部分企业，尤其是制造业企业，环保生产技术十分落后，在“三废”处理和回收方面能力较弱，绿色生产技术，节能环保技术，废品再利用率都要落后于国外企业。在企业采购方面，传统的采购方法依然占主导地位，不考虑采购的地理位置，运输的方式，电子商务应用在采购中还很滞后，在采购原材料方面，也没有把环保、低碳材料作为生产首选材料。大部分企业还没有实现企业生产的低碳化转型。此外，企业还缺乏相关人才和合理的激励制度，这也是阻碍企业进行低碳转型的重要因素之一。

二、企业技术性障碍

在发展低碳经济方面，国内外学者基本取得了一个共识，即“通过开发和使用低碳技术是减少排放的一个关键途径”。技术创新和技术转让是实现低碳经济的关键。中国目前正处在快速的工业化和城市化过程中，每年有大量的基础设施和设备投入运营。由于基础设施和设备的寿命周期短则十几年，长则数十年，如果不采用先进的技术、设备和发展理念，一旦建成，在其整个寿命周期内就被锁定高能耗、高污染、高排放的路径上。所以应尽早开始发展低碳经济，在发展中采用先进的生产技术和设备、合理的城市化模式和节约型的消费方式，走上低能耗、低污染、低排放的发展道路。但是，中国目前的技术创新能力和国际技术转让均存在一些问题。

1. 技术创新能力不足

从国家科技投入总量看，目前我国研发支出占 GDP 比重很低，还不到 1.5%，尚未达到“十一五”科技发展规划确定的目标（占 GDP 比重为 2%），更毋庸说与发达国家（3%左右）和世界 500 强企业（5%～10%）相比。从人均研发经费支出看，目前我国为 140 美元，而日本为 1000 美元，我国仅为日本的 14%，存在相当大的差距。从企业投入看，目前我国企业研发投入占全国总投入的比重在 70%以上，与发达国家水平相当，但是如果考虑企业的研发费用总额和研发强度，我国与发达国家相比存在较大差距。在我国有 2.8 万多家大中型企业，其中只有 25%的企业拥有自己的研发机构，75%的企业没有专职的研发人员。在英国贸工部发布 2005 年“全球企业研发排行榜”上，在全球 1000 家企业当中，美、日、德三国上榜企业研发投入占全球 1000 家企业总投入的 71.9%，上榜的中国大陆企业仅有 4 家，研发费用都未达到 2200 万英镑，前 15 家研发投入额最多的企业日本占 3 家，研发费用都在 25 亿英镑以上。从研发资金的用途看，对我国大多数企业而言，只有24%左右的资金用于新产品开发，不到10%的资金用于基础研究，即使用于新产品开发，也是更加注重短期项目，缺乏对长期性、有市场前瞻性的项目进行研究。在企业技术创新方面，目前申请专利的多为实用型或外观设计方面的技术，比较偏重于短期经济效益。以上这些因素对我国科技水平的提高极为不利。

2. 技术转让存在困难

如何应对全球气候变化，目前国际社会已达成共识，即亟须发挥技术的关键性作用。研究表明，为了实现2050年全球范围的温室气体减排目标（即将温室气体浓度稳定在550ppm），约70%的减排量需要在未来20年的时间里完成，这就需要充分发挥现有及接近商业化的减排技术。目前，我国由于缺乏先进的温室气体减排技术，经济发展呈现高排放特征，所以能否发挥后发优势，在以后的工业化进程中降低碳排放，实现低碳发展，关键在于资金和技术能力。虽然根据《联合国气候变化框架公约》的规定，发达国家有责任向发展中国家实施技术转让，但实际进展并不理想。究其原因，有以下几点：一是技术转让方出于市场份额的考虑，会阻止低碳技术的迅速扩散、转让；二是技术接受方也面临一些障碍，如人才缺乏、技术转让费高昂、产业结构分散、政策和法律不完善等；三是目前清洁发展机制（CDM）在实施过程中也存在一定偏差，多数情况下仅是资金的转让（即单纯的碳排放权买卖），缺乏技术的输出转让。由于发达国家不积极转让先进的低碳技术，我国不得不依靠商业渠道进行技术引进。尽管近些年中国不断引进了一些先进的能源技术，包括风能、太阳能和核能技术，但多为商业化转让，对知识产权的转让有非常苛刻的条件，这些也都会影响到技术转让的效果和范围。但如果不进行技术转让，完全依靠自己研发，则我国还要相当长的时间才能形成产业化和大规模发展。

3. 忽视技术消化吸收

技术引进与引进后的消化吸收同等重要，中国长期以来都存在着重引进、轻消化吸收这样一个弊病。不少企业通过一次又一次的技术引进，最终掉进了技术依赖的陷阱。一般而言，企业进行技术引进有两种模式：一是仅为了使用而引进；二是为提高自主创新能力而引进。在现实中，由于机制落后和追求短期效益，绝大多数企业非常愿意在技术引进上花钱，而对于技术消化和吸收却不愿意投入。具体表现为：从横向来看，会有多家企业重复购买同一技术；从纵向来看，企业总是不断地引进技术，第一轮之后马上第二轮，没有进行技术学习，结果技术引进费用花了不少，自己的技术创新能力却没有得到提高。由于技术创新面临较大不确定性，技术成果也具有较强的外溢性，所以技术创新所要求的环境较其他投资要苛刻得多。所以，政府应该通过实施一系列有效的政策措施，包括环保法律、技术标准、安全卫生法规、市场准入门槛等等，强化企业技术创新的动力。当前我国企业的生产设备整体比较落后，不管是碳排放还是碳回收处理技术都存在严重的问题。造成这一问题的原因一方面是企业不想把有限的资金用在生产设备的更新上；另一方面是目前我国的碳回收处理技术还十分落后，虽然近来有所改进，但是尚处于起步阶段。企业生产设备落后，导致“三废”的排量严重超标，使我们的生活与低碳生产相去甚远。

4. 宁波企业低碳技术有待提高

据对宁波市大中型企业生产技术调查，宁波市企业技术装备与国外先进水平的差距一般为5～10年，关键技术差距更大，技术性能比较先进的工业设备仅占三分之一。企业创新能力弱，技术开发动力不足，创新意识差，现有科研机构档次较低，水平不高，普遍缺乏开发核心技术和关键技术的能力。据宁波市工商联的调研了解，宁波市节能减排还有较大的空间，政策还没有深入到中小企业，中小企业小而散的分布特点制约着节能减排的推进。目前，绝大部分中小民营企业分布在乡镇农村，基础设施不配套，行业布局比较杂，难以一一配套环保设施。企业在从产品研发、设计到最终产品的销售整个产品生命周期都存在的诸多阻碍低碳经济发展的因素和问题，发展低碳经济的状况很差。很多企业还没有建立起符合低碳生产的环境成本控制系统，在日常生产经营中，没有专门的体系指标可以考核低碳运营，没有专门的低碳部门和人事组织将企业的低碳发展战略落实，致使低碳运营无法贯彻与产品生命周期的各个环节，企业的浪费比较大，生产利用率较低，严重影响了企业的经济效益。

三、政策体制的局限

1. 缺乏具有针对性的低碳政策

随着低碳概念的演进，发展低碳城市成为了许多国家的城市建设目标,建设低碳城市已成为低碳革命的重要组成部分,目前世界各国都在探索着自己的低碳城市发展战略,并取得了一些成就。从1992年签署《联合国气候变化框架公约》到2005年《京都议定书》正式生效到2007年“巴厘岛路线图”到2009年底的哥本哈根世界气候大会,低碳发展研究已逐渐从学术领域进入世界政治领域,许多国家对低碳发展高度重视,并开展了实际行动:2003年,英国伦敦为应对气候变化,开始建设低碳城市;丹麦和日本则十分注重低碳社区的打造,日本正在进行低碳社会行动并承诺到2050年减排60%～80%;瑞典实施了城市可持续发展计划;美国奥巴马政府十分重视低碳发展,还针对气候变化问题进行立法。纵观世界各国,在发展低碳经济时都是立法先行,制定了完备的低碳经济法律体系,为低碳经济的发展提供了法律保障。虽然我国已经制定了《节约能源法》《可再生能源法》和《清洁生产促进法》等法律,但是在低碳产品安全、低碳技术研发等方面都还没有明确的法律规定,我国应该有针对性地制定和完善相应的法律法规,为发展低碳经济提供明确的导向和规范。

2. 能源价格改革步履维艰

经过30多年的改革开放,中国在经济、政治、社会的方方面面均取得丰硕成果,改革在各个领域不断深入推进,但能源价格改革却一直步履维艰。能源产业作为国民经济的基础性产业,既是生产资料又是消费资料,能源价格改革是改变经济增长方式的途径,既是国家整个发展路径的问题,也可应对气候变化,促进节能减排。从能源价格改革本身来说,既是一个产业问题,也是个能源问题,同时又是一个国家的整体的,将来这种发展路径的问题,过去重化工业,经济结构里面以重化工业为主,高耗能,高消耗,然后高污染,现在走不通。因此需要进行经济结构调整,经济结构调整的核心就是第二产业比重要下降,第三产业比重上升,也就是说这种低污染的产业上升,高污染产业抑制,从这个角度,能源价格如果不改,很难抑制高耗能的产业。同时能源价格改革,将进一步修正能源结构,增加非化石能源比重,来应对气候变化,与节能减排密切相关,形成低能源生活方式,这种改变对普通的消费者来说是比较困难,因为能源改革将涉及从腰包里拿钱。正因为如此,所以说这个问题才是个热点问题,而且长期改革不能一步到位的问题,如果不是这么敏感早一步到位了。但这是国家经济增长方式调整最重要的方式。

3. 财政政策不到位

发展低碳经济存在较大的公共产品特性和外部效应，如果完全交由私人部门承担，将会出现市场失灵。因此，必须要求公共财政介入。目前中国公共财政已在一定程度上介入到低碳经济发展领域，并发挥了一定的作用，但是相对于低碳经济的发展要求而言，中国公共财政政策体系必须提高科学性、完整性和系统性，需要进一步的完善。从财政投入看：①财政投入总量不足。在中国财政经常性预算中，虽有一部分资金用于节能减排，但是都分散在一些其他的资金项目中，并没有用于节能减排的专项资金，这样导致资金的针对性较差，并且资助力度有限，一定程度上存在公共财政的“缺位”。②财政调节手段比较单一。目前中国发展低碳经济所投入的资金主要来自于财政拨款和银行贷款，没有建立实施吸引社会闲散资金介入环保事业的政策，且其财政调节手段比较单一，缺乏相应的优惠激励政策。③财政资金使用效率不高。国家投入资金中相当大的部分被相关部门用于自身的建设，真正用于治理环境、促进低碳经济发展的资金不多，返还给企业的资金，也多被作为发展资金，只有少数用于治理污染。同时，由于财政能力的限制，本来不多的资金被用于多个治理项目，造成每个项目获得的平均资金投入过低，很难达到预期目的。

从税收政策看：①没有一个真正的低碳税种。现行的和低碳经济相关的税收政策主要体现在节能降耗、可再生能源、废气回收物资、科技创新等领域。总体来讲，这些政策还比较零散，不成体系，有的还相互矛盾，尚没有以促进节能减排为主要目标的特定税种。同时税收优惠政策的形式比较单一，仅限于减税和免税，缺乏针对性和灵活性，而且优惠方式多属于事后鼓励，治理污染的效果甚微，影响了税收优惠的实施效果。②缺乏区域差别化的污染减排税收政策。由于中国幅员辽阔，地域间的资源、环境、社会经济发展状况差别较大，致使各地区环境污染情况存在差别。因此，为体现区域差别以及区域经济的协调均衡发展，应当出台差别化的税收政策来应对不同区域的污染减排状况。但实际上，中国目前缺乏区域差别化的污染减排税收政策。这其中主要是法律制度方面的原因，因为中国目前的税收立法权过度集中于中央，地方无缘分享。

4．宁波急需建立“碳交易机制”

碳交易(即温室气体排放权交易)就是碳减排购买协议(ERPAS)。2005年《京都议定书》生效后，发达国家相继成立碳排放交易所，发展中国家也借助清洁发展机制，越来越多地融入国际碳市场。据联合国和世界银行预测，到2012年，全球碳交易市场有望超过石油市场成为世界第一大市场。宁波目前当务之急是推进以能源为主的资源产品价格改革和环境税费改革，探索生态补偿新机制，积极建立区域间和企业间碳排放交易市场。2008年8月以来，中国先后在北京、上海、天津和武汉成立了环境权益交易所，各个省、市也纷纷建立相关碳交易机构，这些为产业集群中的经济主体进入碳交易市场创造了有利条件。宁波市碳税和总量管制的碳交易(cap & trade)需要提上议事日程，运用市场机制，探索碳交易试点，建设碳排放权交易平台，打造区域碳交易市场体系，此外，应该推动气候立法。政府可以参照国际通行惯例，为完成温室气体减排任务，把二氧化碳减排指标分给/拍卖给产业集群中的使用主体，让其通过碳交易市场盈卖亏买。另外宁波市需要建立绿色信贷机制。构建由政府引导资金、商业银行配套资金等组成的“资金池”，商业银行按照转型升级、低碳发展的要求，探索建立绿色信贷机制和项目评估标准，对“资金池”进行封闭运作、循环使用、定向投放，为实施企业提供低息贷款。企业以项目收益或碳减排量交易收益作为还本付息的来源。

第三节　低碳生产的企业行为及其调节

企业竞争力决定了产业竞争力和国家竞争力。企业在国家发展低碳经济过程中发挥着至关重要的作用，这客观上要求企业顺应全球向低碳经济转型的发展趋势，培育和提升其低碳竞争力。同时，企业培育低碳竞争力也是率先获取竞争优势的有效手段和重要途径。企业通过资源配置活动构建起企业竞争力，因而，企业低碳竞争力的核心是资源低碳配置能力，即以提高能源效率和优化能源结构、减少对化石能源等高碳能源的依赖，形成以低能耗、低排放为基础的资源配置能力。

一、营建企业低碳文化，提升企业低碳管理水平

1. 低碳文化是企业构建低碳竞争力的基石

低碳思想正在成为全球意识形态和国际主流价值观，具有了这种责任感，才会懂得对自然感恩、向社会回馈，才能坚持把低碳作为生产和消费最终价值衡量标准。加强生产低碳伦理建设，实现生产低碳化。

企业在发展低碳经济、应对气候变化中发挥着不同于政府和民众的重要作用。企业应开始关注低碳产业链和服务链建设，与利益相关方共同打造低碳发展之路，积极营建企业低碳文化。所谓低碳文化从本质上说也是一种社会意识，是在气候变暖、能源枯竭等日益危及到人类自身生存安全的情况下，人类所表现出的一系列崇尚低碳消费、低碳排放的意识和行为，以及与之相关的制度体系等。低碳文化是低碳经济发展的重要精神支柱。正如佩鲁所说："各种文化价值在经济增长中起着根本性的作用，经济增长不过是手段而已。各种文化价值是抑制和加速增长的动机的基础，并且决定着增长作为一种目标的合理性。"低碳社会建设离不开一定的社会文化环境。社会文化是影响人的思想意识和行为方式的重要因素，因此，低碳文化是重构社会居民低碳生活意识的重要保障。低碳文化作为一种特殊的社会环境变量，对于低碳社会的作用方式具有非正式的和软性的特征，如低碳文化理念、环境伦理意识等价值理念的转变等都为低碳社会建设提供精神动力。因此，离开了低碳文化，低碳发展只能是无源之水、无根之木。因此推进城市低碳发展，迫切需要推动低碳文化建设。

企业文化体现了企业的精神风貌，企业低碳文化是在企业低碳发展背景下转变意识形态，融入低碳理念，构建的企业价值体系和文化体系。低碳文化从意识形态和价值观层面，引导企业转变思维方式，打破陈规陋习，摆脱旧有思想束缚，树立全新的管理和经营理念，从而形成资源的低碳配置，提升企业低碳竞争力。低碳文化是低碳理念形态文化、低碳制度形态文化与低碳物质形态文化的复合体，低碳文化的提升途径就是建设低碳理念形态文化、低碳制度形态文化与低碳物质形态文化。低碳理念形态文化的建设要求企业树立低碳价值观、强化生态道德意识和培育低碳企业精神。低碳制度形态文化的建设首先要求企业将低碳文化

制度化，严格执行新的制度，并对新的反映低碳文化的制度执行情况进行跟踪反馈，不断完善，确保制度能正确反映低碳文化和有效指导企业的低碳生产与经营。低碳物质形态文化的建设要求企业从产品、环境以及企业视觉识别系统的低碳设计入手，将企业低碳价值观、低碳经营哲学、低碳企业精神等低碳理念形态文化通过物质形态折射出来。企业低碳文化是企业经营者和全体员工信念的凝结，渗透于企业生产的全过程，企业低碳文化的建设有利于促进企业自身建设，提高企业的市场竞争力，因此，企业领导者要积极开展企业低碳文化建设，以提升企业形象，“决策者头脑里的文化背景的生态平衡，往往成为决策成败与否的敏感因素”。低碳文化是企业构建低碳竞争力的基石，它渗透于企业生产经营活动的各个环节，从价值观、企业精神、企业经营哲学、企业道德规范甚至企业制度、企业物质层面建立起低碳文化的约束。

低碳文化建设的首要任务是树立起低碳价值观，将低碳发展的理念融入企业价值观，使其成为引导企业创新和发展的基本价值取向和战略指导思想。其次，企业必须将低碳价值观融入到企业的制度中，实现低碳文化制度化，建立起潜能制度，充分调动员工的积极性，让新制度得到认可和遵从。同时实行目标责任管理制，严格执行新的制度，并注重执行效果的评估和制度反馈。最后，企业低碳文化建设还要从物质层面体现出来，通过低碳技术应用、生产工艺改进等开发和生产低碳产品，通过低碳营销手段向公众传递出企业低碳文化理念，通过对包括企业建筑布局、办公环境、厂房环境、商场环境等企业物质环境的低碳设计向员工和公众传递出低碳生产经营的文化理念，通过对企业的标识系统，如企业标志、企业名称、专用图案、广告等元素进行低碳形象设计对外展示企业的低碳文化。

2. 低碳管理是企业管理模式的新变革

低碳管理是对传统企业管理模式在资源利用和碳减排效率上的提升，其实质是重构企业可持续发展的管理模式，是低碳发展要求下的管理创新。低碳管理首先表现为碳使用、碳排放的有效控制和资源投入产出的提高，直接增强了企业资源的低碳配置能力，从而提升了企业低碳竞争力。低碳管理主要体现在低碳战略管理、低碳组织管理、低碳生产管理与低碳营销管理四个方面，低碳管理水平的提升也主要通过这四个方面管理来实现。企业通过低碳战略管理确定低碳战略目标和行动计划，是对企业低碳管理全过程的全面把握和协调，是企业低碳管理的首要环节。低碳组织管理要求企业降低组织机构能耗、提升组织效率以及减少组织系统温室气体的排放，扁平化、网络化与柔性化的组织结构都较好地体现了低碳组织管理的思想。低碳生产管理要求企业考虑到产品生命周期各阶段的能源消耗与碳排放，通过低碳设计、低碳采购与低碳制造来实现低碳生产管理。低碳营销管理要求企业建立起低碳营销组合策略，即综合运用低碳产品策略、低碳价格策略、低碳渠道策略与低碳促销策略等。低碳管理是提升企业低碳竞争力的保障，低碳技术创新离不开科学的管理，低碳技术成果要转化为低碳产品，并为企业带来经济效益，也必须有低碳管理作保证。企业应将低碳理念贯穿于企业战略、组织、生产、营销等各层次、各环节的管理中，建立低碳管理模式，释放企业各个管理领域的低碳竞争潜力。实施企业低碳战略，通过内外环境因素分析，充分利用机遇，规避风险，发现企业自身的节能减排潜力，以及市场对低碳产品的潜在需求，加强对低碳战略实施效果及时评估，根据执行效果与外部环境变化适时调整战略目标。推行扁平化、网络化、柔性化的组织结构，改变过去层次分明、单向传输式的直线型和金字塔型的管理组织结构，提高组织的信息传递和处理效率，最终提升管理效益和企业资源配置效率。开展低碳生产，通过改进工艺、应用低碳技术、改进生产流程等控制生产中各个环节的资源消耗和碳排放，最终减少产品整个生命周期的碳排放量。建立低碳营销模式，实施低碳产品策略，销售低碳产品，制定适宜的低碳产品价格，选择能耗最低、排放最少的产品销售渠道，减少运输、仓储、存货管理、包装、客服等各个环节的碳排放，积极开展低碳宣传活动与促销活动，引导低碳消费需求。广泛开展低碳管理经验推广，树立低碳管理企业、低碳管理环节典型，形成示范效益，引导企业低碳管理全面提升。

3. 宁波企业家成为推动“低碳经济”的动力

宁波市“无煤、无油、无气”，是一个典型的常规一次能源“空白区”。所需能源99%以上依赖外部输入，近年来，高速的经济发展，向能耗提出了更高的要求。能源短缺仍然是社会发展的严重瓶颈，这个问题已引起各级政府和企业家们的高度重视。2010年4月“低碳生活我先行——关爱绿色地球，共建低碳生活”倡导活动在宁波举行，近千名宁波企业家在中国低碳网上进行电子签名，带头倡导低碳生活。企业家是推动“低碳经济”的动力，他们既有义务在生产经营中承担环保责任，同时也有义务带头积极倡导并去实践“低碳生活”，身体力行地影响周边人，从而形成整个社会的良好的“低碳生活”新方式。

二、合理规划企业能源策略，建立低碳生产机制

1. 将能源管理作为一项企业策略

能源就是向自然界提供能量转化的物质(矿物质能源，核物理能源，大气环流能源，地理性能源)。能源是人类活动的物质基础。在某种意义上讲，人类社会的发展离不开优质能源的出现和先进能源技术的使用。在当今世界，能源的发展，能源和环境，是全世界、全人类共同关心的问题，也是我国社会经济发展的重要问题。在 21 世纪变化莫测的能源市场中，如果企业的能源管理决策制定过程缺乏有效的管理，会使企业面临丧失竞争力的风险。一项最新调查报告显示，与西方企业相比，大部分中国企业目前缺乏能源策略。伟达公关及其合作伙伴 Penn，Schoen & Berland Associates 市场调查公司刚刚完成一项题为“环境回报率”的调查。调查针对有关环境问题发生时企业如何平衡经济利益与道德规范的关系，分析了 420 位来自美国、英国、中国和加拿大的高级管理人员以及 IT 决策人员的观点。调查显示，有 32%美国的受访者、47%英国的受访者以及 37%加拿大的受访者声称他们拥有非常详细的能源策略，但中国企业与之相比，拥有能源策略的企业数量非常低，只有 23%。至于在企业中，由谁负责制定公司的能源策略时，调查结果显示了不确定性。在中国，这样的组织角色几乎没有听说过，82%的中国受访者表示在他们的企业里没有人专门负责制定能源策略(相比于同样的调查结果，美国为 70%，英国为 42%，加拿大为 55%)。GE 能源集团中国区总裁温跃忠曾表示，到 2030 年，全球能源需求将会比目前增长两倍。需求的增加、结构的变化和能源使用效率的提高，都需要企业尽快制定切实可行的能

源战略。[①]

当代企业都在力图寻找新的增长渠道、提高运营效率、降低能源消耗并提供及时的决策制定机制。以上事项中最紧迫的一项就是降低企业的能源强度并更好地管理这些资源和成本。为了能使企业更好地完成资源调配、组织生产、部门结算、成本核算，需要建立一套有效的自动化能源数据获取系统，对能源供应进行监测，以便企业实时掌握能源状况，为实现能源自动化调控打下坚实的数据基础，同时方便企业的计量和成本核算工作。任何注重可持续发展的企业都应制定企业能源管理策略。这不仅是因为能源消耗是大多数企业生产成本中的主要一项，也是因为过去 30 年的经验告诉我们，能源价格的波动还将持续下去。对大多数工业企业而言，能源成本超过了其他所有可变成本。例如，从 1993 年到 2006 年，天然气成本增加了 250％以上。与此同时，燃料和电力成本增加了 110％以上；增加部分的 81％是在最近 4 年发生的。企业要更好地控制这些成本，更好地利用宝贵的可再生和不可再生资源，就要把能源管理策略转变成企业将来的安全可靠、价格合理的能源。

2. 低碳理念贯穿生产全过程

传统企业的生产模式是一条高消耗、高污染和低效益的粗放型经济增长道路，由于化石能源自身的有限性及对人类生存环境的危害，这种模式必定走向灭亡。因此企业要想长期稳定地发展下去，就需要对能源结构进行调整，减少对化石能源的需求和消费，降低对石油和煤炭的依赖以及在使用中的比例，大力发展如太阳能、核能、风能、氢能、生物质能、潮汐能等新能源和可再生能源。这些都是无污染、清洁的可再生能源，这样有助于企业的可持续发展，也有助于人与自然的和谐相处。低碳生产的实质，是贯彻节能减排和循环再利用原则，从生产设计、原材料选用、工艺技术与设备维护管理等社会生产和服务的各个环节实行全过程低碳化控制，从生产源头减少能源消费和 CO_2 排放，促进资源循环利用。企业低碳生产机制包括低碳设计、低碳工艺、低碳加工制造、低碳包装和资源回收利用以及低碳物流等方面。低碳产品设计是从产品生命

① 调查：近八成中国企业缺乏能源策略，http://money.163.com/07/0704/03/3IHDHL6L002524SO.html。

周期的角度出发,从产品设计阶段就开始考虑产品生产过程如何节约原料和能源,少用昂贵和稀缺的资源,在产品使用过程中和使用后如何做到节约能源和减少排放,以及如何有利于产品使用后的废旧物资回收、重复使用和再生循环;低碳工艺是在产品生产前预先设计好节能的工艺流程与设备,选用新能源、可再生能源,选用节能原材料,以减少化石能源使用和 CO_2 排放;低碳加工制造是指在生产过程中尽量减少能源和人力的浪费,提高能源使用效率;低碳包装是在保证商品安全和美观的条件下,尽量节省包装材料或者使用可回收利用的包装材料,尽量选用大包装,取消单件二次小包装等;资源回收利用是对生产过程中的废水、废渣、废气及余热的回收利用,并利用回收材料作为原材料,以节约资源投入;低碳物流强调在物流配送的过程中减少能源的消耗,尽量实现大宗大量取货和送货,提高配送的效率,降低单位产品配送成本。另一方面是积极寻找和利用替代能源,比如充分开发利用太阳能、风能、水能、核能和生物能源,降低煤、石油、天然气等化石能源的使用比例。通过实施生产全过程的低碳化控制,从生产源头和生产各环节减少能源消耗和 CO_2 排放。

3. 宁波企业捕捉低碳新商机

低碳经济和商业价值不矛盾,企业必须从传统模式转变为低碳经济、绿色经济,必须要平衡生态发展与经济发展关系,要建立一种非常健康的良性发展的经济发展模式,企业的产业投资、资本投资、金融投资都必须以此为基础,否则,环境和生态的损失就会使企业未来的投资以及未来的经济发展付出很大的代价。根据国家发展和改革委员会等 12 个部门《关于印发万家企业节能低碳行动实施方案的通知》(发改环资〔2011〕2873 号)和国家发展和改革委员会《万家企业节能低碳行动企业名单及节能量目标》公告(2012 年第 10 号)等文件,宁波市列入国家万家企业节能低碳行动企业共 117 家。能源发展是一项复杂的系统性工程,是确保经济社会全面协调可持续发展的重要基础。宁波全面实施工业循环经济"611"工程,企业要能够自觉遵守国家有关节能、环保、安全等法律法规,同时按照"减量化、再利用、资源化"原则,加快推进循环经济与清洁生产。

世界经济发展方式从"高碳"向"低碳"的转变,是一场自上而下的革命，但更多的是给企业带来了前所未有的巨大商机。除节能、减排和替代能源三大主线外，低碳商机还包括诸多新兴领域，比如碳足迹测量、碳捕获和存储、智能电网、森林碳汇等。更为重要的是，存在于这些领域的商业投资和经济机会雏形渐显，巨大的市场潜力有待激发。随着国家调结构促转型战略政策的出台，嗅觉敏锐的浙江民营企业正纷纷涉足太阳能、风能、生物工程等新兴行业，并对传统生产设备进行升级改造，为捕捉低碳商机做好准备。宁波近年来出现了一种传统制造企业争抢新能源"蛋糕"的现象。宁波LED产业基础较好，地源热泵、空气能热泵、太阳能热水器等产业发展迅速，垃圾、污泥发电技术应用成熟。新能源产业加速发展，一批专业从事太阳能、地热等新能源开发利用的企业脱颖而出，如金轮集团、慈溪风电场、宁波太阳能电源有限公司、日升电气、银凤科技、海申公司等。在宁波，在新能源领域淘金的企业越来越多。

三、培养低碳人才，创新低碳技术

1. 低碳人才是实现低碳发展的根本

人才是当今企业和社会发展最关键的因素之一，是实现低碳发展的根本所在，而且人才对生产企业更为重要。2009年年末的哥本哈根气候大会让"低碳"成了全球公众关注的热点，而国内随后召开的全国两会更是将低碳经济提升到国家层面，并把低碳经济纳入总体发展战略，还相继出台了一系列促进新能源发展的政策，鼓励和引导传统产业向新能源及低碳经济模式转变。这一系列的导向，使得在节能减排、垃圾处理、废水、空气处理、新能源等相关环保节能领域的人才空前受宠。企业的职能是整合资源、创新价值、创造财富，因此各生产商之间的竞争是企业员工素质的竞争，人才是企业发展的强大力量。低碳经济下生产商更需要从事低碳技术创新的人才，拥有高素质的人才，生产商才有可能在激烈的竞争中赢得市场，企业人才是一种可持续资源、可再生型资源，也是资本性资源，它能为生产商带来可观效益。生产商只有依靠人才智力因素的创新，把人才作为企业的重要资源进行挖掘和利用，重视企业人力资源的开发，提高人力资源的利用程度，实现生产的可持续发展，使生产商在激烈的竞争中获取较强的优势在全球实施低碳经济战略目标下，生产商为人才创造良好的发展环境。由于人才资源具有较强的稀缺性、不可复制性等特点，所以人才资本难以从市场上随意获取，必须根据企业需求认真筛选与培训而获得，尤其是在低碳经济的背景下，人才作为企业重要的资源，更显宝贵。

2. 低碳技术的创新是企业在发展低碳经济中的关键

低碳经济背景下，技术创新是提升生产商核心竞争力的重要途径。对于企业而言，低碳城市所要求的低碳生产及低碳技术已不仅限于企业社会责任的道德范畴，它还更多地关乎着企业的发展，因为只有掌握核心的符合城市低碳化需求的技术，企业才能在低碳城市发展中处于优势竞争地位。所谓低碳技术，也称为清洁能源技术，主要是指提高能源效率来稳定或减少能源需求，同时减少对煤炭等化石燃料依赖程度的主导技术，涉及电力、交通、建筑、冶金、化工、石化等部门以及在可再生能源及新能源、煤的清洁高效利用、油气资源和煤层气的勘探开发、二氧化碳捕获与埋存等领域开发的、能有效控制温室气体排放的新技术。低碳技术因为突破了传统“高碳”技术对化石能源的依赖，相比传统技术而言，更有利于能源的节约与温室气体的减排，直接提高了资源配置主体的资源利用水平，增强了其资源的低碳配置能力，从而提升了资源配置主体的低碳竞争力。而企业低碳技术的形成与更新是在低碳技术竞争的作用下实现和完成的。

低碳技术的竞争主要体现在低碳技术创新、低碳技术垄断与低碳技术利用三个方面。首先，在全球发展低碳经济的竞争环境中，低碳技术创新已成为企业竞争的主题，企业主要围绕低碳产品、低碳工艺技术及低碳管理等技术的创新提升低碳技术水平。其次，企业通过低碳技术垄断形成技术垄断的优势，但这种垄断只是相对的，在对低碳技术资源的争夺下，当前的技术垄断者最终会被新的竞争者所替代，从而形成低碳技术垄断竞争的态势，并加速了低碳技术的发展。最后，低碳技术利用是企业谋求低碳技术商业价值的重要转换途径，企业通过各种方式的权衡与选择来谋求低碳技术的经济价值，在追逐利益最大化的同时，又促进了低碳技术的不断创新和发展。企业应从战略高度看待低碳技术发展的历史性机遇，按照技术可行、经济合理的原则，研究提出企业低碳发展的技术路线图。要从体制上增强自主研发能力，加快现有低碳技术推广和应用以及关键低碳技术的自主创新；在充分利用国外成果和借鉴国际经验的基础上,实现高起点跨越式的低碳技术发展理念。

低碳技术创新以一定的资金与智力条件为基础,需要较大投入为保障。发达国家企业,尤其是跨国公司都非常注重低碳技术创新的投入,例如英国石油在2005年宣布,未来10年将投入80亿美元致力于太阳能、风能、氢能及联合循环燃气发电等低碳发电业务。据《中国统计年鉴(2011)》数据显示,2010年规模以上工业企业中,有R&D活动企业所占比重仅为28.3%。我国企业科技活动的缺乏,技术创新投入与创新能力不足,成为竞争力提升的重要制约因素。企业构建低碳竞争力,首先应加大对低碳技术研发投入,企业要充分利用政策倾斜所带来的各项技术支持与资金支持,积极探索多种渠道筹措资金,有条件的企业应当进入资本市场,保证企业足够的低碳技术研发资金。其次,企业要强化低碳技术创新的主体地位,积极组建成立低碳技术研发小组,充分利用科研资源建立产学研贸合作平台,积极开展低碳技术需求分析,广泛开展低碳技术试验,促进低碳技术的研发与成果转化,合理地对传统技术进行低碳技术改造或替代,直接服务企业低碳竞争力的提升。政府应努力构建企业低碳技术创新的良好外部环境,进一步完善金融、税收等政策,健全对企业低碳技术创新的有效扶持与激励机制,加强低碳技术创新专利保护的投入,积极制定低碳技术专利战略,构建低碳技术专利防御体系。

3. 宁波企业兴起"低碳风"

对于企业而言,发展低碳经济究竟是束缚发展的紧箍咒,还是增强自身实力的竞争王牌?日前,笔者走访了宁波市几家新能源开发利用的企业,发现在宁波企业的眼中,这只是一道单选题,答案只有一个,在低碳节能关键技术的研发上抢占先机,创造一个"弯道超车"的机会。

企业要围绕产业转型升级深入推进各项人才重点工程和系列人才引培计划,加强以能力和业绩为导向培育引进高技能人才;强化政策创新,以高新产业集聚区为依托,制定先行先试政策,建设具有宁波特色的人才特区。企业是推动低碳发展的中坚力量,在技术创新和低碳实践中发挥先锋作用,以"机器换人"为重点,大力推进"四减两提高"升级改造专项行动,坚持走新型工业化道路,全面构建"4+4+4"现代产业体系,全力实施"企业创业创新创一流工程",加快形成创新驱动发展格局,完善以企业为主体、产学研相结合、以产业为导向的创新体系。宁波不少企业把追求技术进步作为保持竞争力的重要保证，主动淘汰落后产能。宁波金田集团投入巨资，5 年内更新了全部生产设备。宁波东港电化公司今年主动淘汰 6 万吨/年隔膜法烧碱生产线。据介绍，宁波市企业每年的技术改造投入在 500 亿元以上。

四、调整战略结构，抓好企业节能减排

1. 有针对性地制定低碳发展战略

全球经济在向低碳转型，国家和政府在制订低碳经济发展计划，企业也在为自己量身打造低碳发展战略。不同类型和领域的企业实现低碳的途径也不尽相同。高耗能企业的首选就是降低能耗，石油、煤炭类企业将大力开发清洁能源，资源循环利用企业通过创新策略来推广低碳产品，金融企业则通过创新金融工具促进其他行业部门实施节能减排的项目。有远见的大型企业都已将"低碳"列为制定核心发展战略的重要因素。对于一些能源消耗大、碳排放量高的行业来说，降低碳排放量的技术革新和新能源利用等是企业取得竞争优势的关键；而对于其他碳排放量一般的行业来说，谁优先进行低碳管理推行低碳运营，就会在顾客中形成良好的领先优势，从而为企业塑造良好的低碳形象。

首先，提高生产商战略管理能力。生产商要根据自身发展状况，结合低碳经济发展具体情况，不断调整自身的战略规划，因为生产商调整其整体战略的时候会给企业正常运营带来较大的风险，也会因此付出巨额成本，所以这就要求生产商在注重战略水平提升的同时，注重调整手段的柔性化，在组织结构上采取扁平化弹性结构，尽量减少所面临的风险，降低调整费用。其次，大力推行清洁生产战略。生产商应当加强末端治理，在传统生产流程末端添加污染排放物处理设备，在未完成生产流程改进前，暂时有效减少污染问题，为推行清洁生产流程提供充足时间。同时，要完善生产者责任制，明确生产者责任制，将低碳，节能的理念应用于产品设计，能源制造以及废弃物处理，扩大责任人范围，使决策者使用者承担相应责任，并加强回收处理能力。最后，实施低碳产品管理战略。低碳产品设计的基本思想是：要从根本上降低碳排放量，不是等产品产生大量碳排放后再采取防治措施，而应在设计阶段就充分考虑到产品在生产、销售、使用及报废过程中的碳排放情况，优化其过程，并

使之具有良好的环境友善性和全局经济性，低碳设计是低碳产品供应链管理的关键，包括以下内容：面向环境的产品结构设计，产品材料选择设计，制造环境设计（或重组）、装配设计、拆卸设计、回收循环利用设计等，在设计过程中，要通过采用管理机制和技术手段两个方面的措施设计，以最少的资源消耗为前提，达到最高的环境效益。

2. 节能减排是发展低碳经济的着力点

节能减排是指节约能源消耗和降低废弃物排放。节能是保证能源结构调整、能源总量供应，实现能源安全以及保护环境的重要保障，IPCC第四次报告（2007）中再次重申节能在减缓碳排放中的关键作用，能源效率提高 1 个百分点，碳排放则会相应降低一个百分点。有学者预测，通过强化主要耗能工业如电力、供热、钢铁、煤炭等行业的能效改革，加大节减排力度，仅此一项就将有望在 2020 年将工业能源消费总量减少 150k，达到约 3.16 亿吨的碳减排量。据世界银行统计，在 20 世纪的 100 年中，人类共消耗煤炭 2650 亿吨，消耗石油 1420 亿吨，消耗钢铁 380 亿吨，消耗铅 7.6 亿吨，消耗铜 4.8 亿吨。在消耗这些物质的同时排放出大量的温室气体，使大气中的二氧化碳浓度在 20 世纪初不到 300 万分率上升到目前接近 400 万分率。高排放、高消耗换来的高速增长，必然是高排放和高污染。事实上发展低碳经济的核心就是要“缓解”温室气体排放和“适应”气候变化。所谓“缓解”就是要减少温室气体排放，“适应”就是通过节能让现在存在的排放去适应气候变化。依照卡亚公式原理，人均“碳足迹”（表示一个区域的“碳耗用量”）取决于单位能源含碳量、能源强度、人均 GDP、人口数量等几个变量。发展低碳经济需要以低碳能源取代传统的高碳能源。从单位产值能耗、单位产品能耗等指标上分析，我国的能源利用效率仍然较低。为尽可能降低高碳能源消耗，只有降低能源强度（节能）和降低单位能源含碳量（使用新能源）。节能减排与控制温室气体排放有很大的协同性。节能减排是救治气候变暖的关键性方案。节能减排成就低碳经济。通过“节能”达到“减排”是发展低碳经济最现实和最重要的抓手。所以，节能减排是发展低碳经济的着力点，是控制温室气体排放最有可能也最重要的途径。以低能耗、低排放为标志的低碳经济是经济发展中的碳排放量、生态环境代价及社会经济成本最低的经济。推进节能减排是事关低碳经济发展成败的一件大事。把节能减排当做一项重要的战略任务来抓，从而实现经济社会发展与生态环境保护双赢。构建低能耗、高能效和以低碳排放为特征的节能减排体系是低碳经济发展的必然选择。

3. 低碳发展促使宁波企业的战略转型

在应对全球气候变暖的历史性时刻，节能减排，既是全人类协调一致的行动共识，也是中国转变经济增长方式、实现经济结构升级、履行国际承诺的重大举措。宁波市严格重点能耗项目监控及新上项目的环保、安全、能耗评价准入，合理控制能源消费总量，强化控制能耗强度；开展推进节能降耗、清洁生产、工业循环经济和资源综合利用专项行动，健全激励约束机制；积极推广低碳技术、合同能源管理服务模式及能效对标管理，加速新技术、新模式、新方法示范应用；综合治理高能耗、高物耗、高污染行业(企业)集中区域，示范建设一批资源节约型、环境友好型园区。在宁波，无论是风能、太阳能、生物柴油的开发利用，还是环保节能产品的生产以及生产设备的节能改造，都吸引了许多宁波企业的参与，积极捕捉低碳商机。在很多宁波企业大力研发节能技术和产品的同时，提升用能效率也正在成为越来越多制造企业挖掘节能潜力的重要途径，许多企业积极采购使用节能新产品、新技术，节能玻璃已在不少大厦应用，LED 产业膨胀速度惊人，变频技术年节电近 2 亿千瓦时。

五、建立协同机制，形成低碳产业集群

1. 低碳协同促进低碳共同发展

协同理念是指低碳社会的构建过程具有普遍性与总体性的特点。由于世界各国历史文化、发展水平、最终利益诉求、对未来风险的评估、对责任主体的认知都存在着差异，因此，对于低碳社会构建的具体目标、相关政策和实施措施不可能完全一样。但是，从最终的意义上讲，低碳社会必然是一个全球性的社会。这不仅意味着低碳社会可以增进全球人民的福利，更意味着全球都必须为建设低碳社会而努力。在此意义上，低碳社会实际上是不可能仅仅在一个国家和地区持续实现的。二氧化碳的排放是一个动态过程，其产生的影响是全球性的，任何一个国家在环境变化的过程中都难以独善其身，因此，降低二氧化碳排放是人类面临的共同任务，低碳经济的发展应该在世界范围内达到均衡，需要全

球所有国家和地区的共同努力。从这个方面来说，为尽快实现人类可持续发展，低碳经济需要所有国家互帮互助，取得低碳技术优势的国家有义务也有必要向发展中国家实现技术转让。低碳社会建设需要全球协同。也就是说，减少温室气体排放要求世界各国协调一致，统一目标，把对地球环境的保护、缓解人与自然之间的矛盾、人类的全面发展作为共同的实现目标，要求行动上的一致性。因此，协同理念对于国际社会各个不同利益集团的意义应该是共通的。从根本上讲，构建低碳社会就是要促进人类之间以及人类与自然与社会之间的和谐共存，共同发展，要求建立协调、互惠互生的关系。

对于城市和微观企业而言，也需要建立协同机制，通过与其他城市和企业进行合作，积极参与到其中，这样才能真正提高低碳技术的研发能力和水平。低碳经济对企业的生存方式、生产方式等带来的深层次的冲击。在冲击中，每个行业都将面临发展方向的调整，每个企业都需要为自己在全新的经济模态中重新定位。这将不会是任何独立个体所能解决的问题，而是需要以一个行业、一个经济体为背景，共同探讨来寻求共同可持续发展的基准。企业低碳管理协同的目标是通过各种生产技术和管理技术的进步，提高生产效率，降低生产成本，从而达到企业低碳管理系统是一种复杂的、开放的社会经济系统，直接或间接影响着诸多其他系统。并且企业低碳管理系统本身就是一个包含众多影响因素的复杂系统，它直接影响着其利益相关者的关系，进而又反过来促进整个系统。

2. 低碳产业集群成为发展低碳经济的有效组织载体

在过去的30多年里，中国地方产业集群得到长足的发展，已逐渐成熟，是产业与区域竞争力的重要来源。但中国产业集群耗能高，污染重，对资源与环境造成比较大的压力的问题十分严重，中国的产业集群组成所谓的“世界工厂”。为了从根本上解决低端高碳产业集群给我国环境与资源带来的长远压力，中国要摆脱被“碳锁定”的局面，就要把中国各地的高碳产业集群转型升级成为发展低碳的产业集群。

低碳产业集群是指以优化区域能源结构、实现节能减排为目标，通过技术创新、制度创新以及整合产业集群产品供应链，做到节能、减排、企业效益三方面兼顾，最终实现清洁能源结构和高能源效率的经济体系。低碳技术的发展单纯依靠单独企业自主创新非常困难,因为大部分企业低碳技术基础低,与国际先进低碳技术相差甚远,尤其中小企业自主创新能力低。所以,合作创新是低碳技术创新的重要途径,而产业集群在合作创新方面具有不可比拟的优势,产业集群由于其地理邻近集群的外部性等特点,非常有利于企业合作创新,集群内企业可以通过整合相关技术优势,实现与合作主体间的资源共享和优势互补,从而缩短创新周期,降低创新成本和风险,提高创新的成功率。具体的方式有:与大企业合作的伴生型合作创新、中小企业之间优势互补型合作创新以及外包委托型合作创新。低碳产业集群发展的关键在于打造生态工业园。集群工业园区要根据产业进行生态设计,按照"低消耗、低排放、高效率"的循环发展模式,通过"生产装置互联、上下游产品互供、废弃物相互利用",打造一批产业集聚、用地集约、布局优化、节能环保、功能配套、技术领先、效益突出的生态工业园。企业之所以愿意进入生态工业园,是因为园区中有它可以利用的廉价废弃物和能量以及可以消化本企业产生的废弃物的厂家,从而减少自身处理大量废弃物的环节,节约了费用。在生态工业园区企业共生系统中,企业内清洁生产与企业间废弃物交换相结合,从整体上完善资源综合利用和物质循环,使园区产生的废弃物趋于零,实现环境、经济效益最大化。

3. 产业集群成为宁波发展新活力

宁波经济发展的特点是具有因产业集群而形成的块状经济优势。宁波块状经济总量规模占浙江省总量的28%,居全省第一。"中国文具之都""中国模具之都""中国塑机之都"……10多个产业集群"金名片"被宁波揽入怀中。块状经济的发展,使众多"小舢板"有联合成"航空母舰"共同抵抗风浪的可能。世界经济发展史表明,一个国家和地区的经济在发展初期都是由小企业推动的,但是当经济发展到一定阶段时,必然要产生一批"巨人型"企业,并成为带动经济高速增长的主力军。这意味着未来宁波发展的新活力仍然依靠大企业来推动、大项目来带动、产业大园区来聚集。可以说,大企业、大项目和大园区是宁波发展新活力的重要载体和主要支撑。

在低碳城市建设过程中,企业协同发展,打造低碳产业集群是必然选择。推进产业集聚、加强污染综合治理,也是宁波淘汰落后产能的一项具体措施。宁波着力培育一批新兴产业集群，将宁波打造成全国新材料、新装备和节能环保等产业的重要制造基地和创新中心，又相继开展印染行业、造纸行业、电镀行业、化工行业等集中整治活动，大力发展产业集群。宁波杭州湾新区、宁波国家高新区、宁波经济技术开发区等十八大省级产业集聚区、重点开发区优化分工合作，打造工业转型升级、建设工业强市的核心载体；统筹推进全市“腾笼换鸟”专项行动，盘活存量土地，提升要素资源使用配置效率。

表 4-1　宁波“十八大”产业基地

产业基地	空间布局	战略定位
石化产业基地	镇海、北仑、大榭	亚洲领先
汽车产业基地	杭州湾新区、北仑、鄞州、余姚、慈溪	国内先进
轨道交通产业基地	鄞州、江北	国内先进
船舶产业基地	北仑、奉化、象山	省内先进
新材料产业基地	鄞州、慈溪、杭州湾新区、镇海、大榭	国内领先
新能源产业基地	高新区、鄞州、余姚、宁海	国内先进
海洋高技术产业基地	慈溪、余姚、杭州湾新区、北仑、象山、宁海	国内一流
电子信息产业基地	高新区、宁波保税区、杭州湾新区	国内先进
家用电器产业基地	慈溪、余姚、鄞州	国内先进
电力设备产业基地	北仑、余姚、鄞州、镇海、象山	省内先进
纺织服装产业基地	鄞州、奉化、北仑、象山、海曙	国内先进
塑料机械产业基地	北仑、鄞州、江北、慈溪、镇海	国内领先
医疗器械产业基地	鄞州、余姚、慈溪、江北	省内先进
设计创意产业基地	江东、海曙、鄞州、镇海	国内先进
模具产业基地	宁海、余姚、北仑、象山、慈溪	国内先进
文具产业基地	宁海、北仑、鄞州	国内领先
军民结合产业基地	慈溪、高新区、鄞州	省内领先
生产性服务业基地	海曙、江东、江北、鄞州、梅山保税港区	国内先进

第五章　建设低碳城市的消费伦理维度

当今社会是一个崇尚消费的社会。2009年哥本哈根气候变化会议的召开，以低能耗、低污染、低排放为基础的经济模式“低碳经济”呈现在世界人民面前，发展“低碳经济”已成为世界各国的共识，倡导低碳消费也就成为世界人民新的生活方式。现在“低碳社会”“低碳城市”“低碳超市”“低碳校园”“低碳交通”“低碳环保”“低碳网络”“低碳社区”——各行各业蜂拥而上，统统冠以“低碳”二字，使“低碳”成为一种时尚。因此探寻低碳消费以及低碳消费的伦理价值对于低碳城市建设具有至关重要的意义，它可以为低碳城市建设提供一种伦理学的价值辩护，更可以为低碳城市建设提供现实的价值基础或根据。

第一节　低碳消费的伦理学思考

一、低碳消费的内涵

1. 何为消费

消费是人类自我生存和发展的必要条件和物质前提。它是人们对一定的物质财富和生活资料的消耗。换言之，消费的目的是为了满足人的生存和发展的需要。消费有生活消费和生产消费之分。生产消费本质上是物质资料的生产，是包括在生产中的。生活消费是“生产过程以外执行生活功能”，是“原来意义上的消费”。[①] 因此，一般意义上的消费指的就是生活消费，如吃穿住行等。就消费行为主体和生活主体来说，它又可以分为私人消费与社会公共消费。私人消费是指私人财政的消费，指个人、家庭对日常消费品的消耗，对耐用消费品的使用和磨损，对服务的占有和享用。与之相对应，公共消费也就是公共财政的消费。一般意义上的消费主要指的是私人消费。

2. 何为低碳消费

作为一种新的消费观念和经济理念，低碳消费（low-carbon consumption）一词源于21世纪初低碳经济的兴起。2003年，英国政府的能源白皮书《我们能源的未来：创建低碳经济》中首次提出了“低碳能源消费”的概念，2005年2月16日，联合国气候大会通过的《京都议定书》正式生效，标志着人类历史上首次以法规形式限制温室气体排放。由此“低碳消费”概念也逐步从能源消费领域扩展到其他生产和生活领域。对低碳消费的研究也在不断加强。

目前，对低碳消费的定义各有不同。据国内学者陈晓春等指出，低碳消费是一种基于文明、和谐、健康、科学、安全的生态化消费方式，其实质是消费者对低碳产品的选择、购买与消费的活动，具体包括五个层次，即“恒温消费”“经济消费”“安全消费”“可持续消费”以及新领域消费。[②] 陈柳钦提出，低碳消费包括三层含义：一是在产品购买阶段，绿色产品应是消费者的首选；二是在消费过程中注重低碳处理，尽量降低环境污染；三是转变消费观念，崇尚资源节约与环境友好的理念，以实现可持续消费。[③] 高志英等提出，低碳消费是指消费者在消费时追求物质、能源以及废弃物排放的减量化，是着眼于未来的、有责任心的消费新理念，是一种健康、自然、简单、简约和简朴的全新生活方式，蕴含着环保和道德责任。[④] 王建明认为，低碳消费是指人们在日常消费过程中，自觉降低能

---

① 《马克思恩格斯选集》第2卷上，人民出版社1972年版，第93页。

② 陈晓春、谭娟、陈文捷：《论低碳消费方式》，《光明日报》2009年4月21日。

③ 陈柳钦：《可持续低碳消费的实现途径》，《理论学习》2010年第8期。

④ 高志英、黄芳：《低碳消费模式的支持体系》，《中国人口、资源与环境》2010年第20期。

耗、减少二氧化碳排放的消费。低碳消费是指在生产、工作或生活过程中,在选择生产资料或物质产品消费时,人们自觉选择那些二氧化碳排放较低的生产或生活方式。[①] 这些研究成果对低碳消费内涵的描述虽然不尽相同,但其本质和核心的思想是一致的,即低碳消费是在满足人类健康生存基本要求的基础上,追求人与自然、经济社会与生态环境和谐共生的一种生态化消费方式,其实质是人们在消费过程中购买和使用资源节约型和环境友好型的产品,减少煤炭、石油等化石能源的消耗,降低二氧化碳等温室气体的排放,以此缓解由此而造成的环境污染,实现可持续消费。[②]

3. 何为城市低碳消费

城市低碳消费是指城市消费者为满足自身生存与发展的需要,在消费过程中自觉选择污染较少、二氧化碳排放较低的消费资料或者消费方式(消费方式是指在一定生产力发展水平和一定生产关系条件下,消费者与消费资料相结合以实现人需要的满足的方法和形式,是消费的自然形式与社会形式的有机统一)。这种消费过程或者消费方式将改变消费者的消费理念和传统的消费习惯,引导消费者选择低碳消费资料,利用低碳消费手段。其实质是以"低碳"为导向,以当代消费者对社会和后代负责任态度的一种共生型消费方式。

二、低碳消费是消费伦理观念的变革

消费既是一种经济现象,同时又是一种伦理现象。低碳消费正是消费伦理观念的变革。

1. 低碳消费引导人们"便利消费"观念的变革

倡导推进生活方式低碳化,推动戒除以高耗能为代价的"便利消费"嗜好。"便利"是现代商业营销和消费生活中流行的价值观。不少便利

---

① 王建明:《公众低碳消费行为的心理归因和政策干预路径——一个基于扎根理论的探索性研究》,《第五届(2010)中国管理学年会——公共管理分会场论文集》,2010 年。参考中国知网全文数据库。

② 参见贺爱忠、李韬武、盖延涛:《城市居民低碳利益关注和低碳责任意识对低碳消费影响的实证研究》(教育部人文社科研究规划基金项目(09YJA790067);全国资源节约型和环境友好型社会综合配套改革试验区流通业绿色发展战略研究)。

消费方式在人们不经意中浪费着巨大的能源。譬如对于“一次性”用品的消费嗜好。其中无节制地使用塑料袋，就是多年来人们盛行便利消费最典型的嗜好之一。2007 年 12 月 31 日，中华人民共和国国务院办公厅下发“限塑令”，即《国务院办公厅关于限制生产销售使用塑料购物袋的通知》。《通知》明确规定：“从 2008 年 6 月 1 日起，在全国范围内禁止生产、销售、使用厚度小于 0.025 毫米的塑料购物袋”；“自 2008 年 6 月 1 日起，在所有超市、商场、集贸市场等商品零售场所实行塑料购物袋有偿使用制度，一律不得免费提供塑料购物袋”。这一“限塑令”，无疑引导公众确立低碳消费和绿色消费意识。一方面它让公众理解“限塑”意义在于遏制白色污染，但这只是“单维型”环保科普意识。另一方面“限塑”的意义还在于让公众理解“限塑就是节油节能”，节约塑料就是节约石油，减排二氧化碳。因为塑料的来源是石油资源。这是一种“关联型”节能环保意识。据中国科技部《全民节能减排手册》计算，全国减少 10% 的塑料袋，可节省生产塑料袋的能耗约 1.2 万吨标煤，减排 31 万吨二氧化碳。

2. 低碳消费引导社会减少奢侈消费

消费不仅是一种经济现象，也是一种伦理文化现象。现代意义上的消费不同以往的是，它不纯然由经济决定，而是带有社会象征和心理的意味，并且自身成为一种地位和身份的建构手段。比如韦伯的研究就是以生活方式(Style of life)来界定地位，划分不同阶层的群体。他认为地位是由消费来界定的，消费形态的不同，即代表的生活方式的不同。[①] 正因如此，“炫耀性消费”、过度消费、奢侈消费甚至符号消费等消费现象大量存在。

所谓炫耀性消费，即消费并不是为满足个人生活的合理需求，而是通过消费的方式比阔斗富，以此炫耀自己的社会地位和经济实力。这种消费方式往往打乱正常消费秩序，误导消费方向，造成财富的严重消耗、资源的极大浪费。

再如挥霍性即浪费性消费，在日常生活中，“嗜新”“嗜洋”“嗜奇”“嗜贵”成为某些人追逐的时尚，吃要山珍海味，洋酒佳酿；穿要高档名牌，过时即弃；住要面积越大越好，装修要金碧辉煌；行要豪华名车，只求排量

---

① 李路路：《论社会分层研究》，《社会学研究》1999 年第 1 期。

大,不管能耗高。商品奢华包装和一次性消费品造成大量现代化垃圾。

而符号消费则是指消费者在选择消费商品的过程中,所追求的并非商品的物理意义上的使用价值,而是商品所包含的附加性的,能够为消费者提供声望和表现其个性、特征、社会地位以及权利等带有一定象征性的概念和意义。从20世纪90年代末开始,符号消费就在中国一些大城市和富裕阶层中悄然兴起,并迅速扩散、蔓延至许多中小城市和平民大众。

符号消费关注的目的不再是商品本身的使用价值,而是消费商品中所蕴涵的符号价值,是通过消费实现自我、文化认同以及在社会关系中的意义。通过对商品的消费和展示,个人得到了显赫的名声、身份和地位。与此同时,符号消费的目的不是寻求同质化,而是寻求差异化。在现实生活中,各种限量版物品、特制物品的大量涌现,就是适应了人们追求差异的心理要求,以消费为目的的生产成为了制造差异性的生产。人们对差异的追求是永远无法得到满足的,虽然差异总是在不断地被缩小,但差异又总是需要无限更新,因而差异无法彻底消除。正因如此,符号消费很容易造成社会风气的浮华,造成大量的社会资源浪费,甚至陷入我们拜物拜符号的陷阱。

这些过度的奢侈消费一方面致使经济增长方式不合理,使一大批本不应该存在的生产和服务得以维持,一定程度上导致我国不合理的经济结构和增长方式。没有消费模式的根本转变,经济增长模式的根本转变是不可能的。因此,必须改变生活方式和消费模式,优化消费结构,在消费领域全面推广和普及节约技术,合理引导消费方式,鼓励低碳消费产品,逐步形成健康文明、节约资源的消费模式。

3. 低碳消费引导人们选择低碳生活

低碳生活(low carbon living),是指在不降低生活质量的情况下低能量、低消耗、低开支的生活方式,即生活作息时尽其所能的节能减排。如今,这股低碳风潮逐渐在我国一些大城市兴起,潜移默化地改变着人们的生活。低碳生活代表着更健康、更自然、更安全,返璞归真地去进行人与自然的活动。低碳生活是一种经济、健康的生活方式,它简单、简约、俭朴和可持续,即利人、利己还惠及子孙后代;同时它也是一种幸福的生活理念,拥有更加时尚的消费观和全新的生活质量观。

三、低碳消费对低碳城市建设的影响

城市低碳消费伦理对低碳城市建设的作用影响是全方位的。它既有助于我国实施可持续发展战略，有助于我国建设资源节约型，环境友好型社会。低碳还有利于民生问题的解决，有利于人民生活质量的提高，有利于小康社会的全面建设。具体表现在以下几个方面。

1. 低碳消费既符合我国可持续发展战略，又符合我国节约资源保护环境的基本国策

早在1896年，诺贝尔化学奖获得者阿累利乌斯就预测：化石燃料燃烧将会增加大气中二氧化碳的浓度，从而导致全球气候变暖。这一预测在今天得到充分的验证。生态环境恶化，各种自然灾害频繁，这些异常气候严重地威胁人类的安全，我们不得不需要认真思考，如何在经济、社会发展和减缓气候变化之间寻求平衡点，这个平衡点就是走低碳经济发展道路。这是继工业化、电子化、信息化革命之后第四次产业革命，即低碳革命，这次革命将给社会带来全方位的改变特别是价值观的改变。一方面，它标志着我国必须转变经济增长方式、调整经济结构，向低碳经济转型；另一方面，它标志着从政府到民间组织、从企业到个人都必须成为这一场革命的当事人、参与者、奉献者和受益者。而这种改变最主要的角色还是消费者。

经济学家樊纲曾指出："由于投资是为了将来的消费，在一个动态经济中因投资所导致的碳排放也必将由未来消费者所承担。因此，一个最大化终生福利的家庭的消费行为理应承担碳排放的全部责任。"[①]可见，变革传统消费模式是发展低碳经济的必然选择。

不仅要求经济增长方式由高碳经济转向低碳经济，也要求生活方式由高碳生活转向低碳生活，高碳生活转向低碳生活又必须以改变消费为抓手，因为消费是社会发展的引力器，而个人的生活消费又是影响社会生产与生产消费的关键，是"生产过程以外执行生活职能"，正如马克思认为："没有需要，就没有生产。而消费则把需要再生产出来。"因此"消

---

① 樊纲编：《走向低碳发展：中国与世界（中国经济学家的建议）》，转引自王勇：《变革传统消费模式促进低碳城市建设》，《江苏商经》2011年第3期。

费直接也是生产”,“没有消费,也就没有生产”。其一,“因为只是在消费中产品才成为现实的产品。例如,一件衣服由于穿的行为才现实地成为衣服”。其二,“因为消费创造出新的生产的需要,因而创造出生产的观念上的动机,后者是生产的前提”①。

然而,随着经济的发展,可支配收入的提高,人们的消费欲望不断膨胀。这不断膨胀着的消费欲望一步步拉动生产,增加市场供给;反过来,市场供给又加剧了消费膨胀。但是,资源是有限的。当我们享受惬意生活的同时,也在破坏着自己赖以生存的生活环境,从而降低了生活的品质,甚至给人类自身带来了无穷的灾难。典型的如生态环境病,就是由于人为的活动,使地球上的化学元素,特别是有毒元素暴露、转移、附集到人身上,致使人生病。人们往往很自然地把这些归罪于生产,他们看到浓浓的黑烟多来自工厂,汞污染、砷污染、镉污染等也与工厂有直接关系,事实不完全是这样,真正的源头可能是消费者的欲望。正如“圣雄”甘地说过这样一句名言:“世界满足人的需要绰绰有余,但却不能满足人的贪欲。”②

2. 城市低碳消费伦理有利于低碳经济的发展,是实现低碳城市建设的关键

随着全球人口和经济规模的不断增长,低碳经济下的低碳消费必将成为未来城市生活的必然选择。英国的实践已证明采取新的可持续发展的形式来发展低碳城市,可以同时实现低碳经济增长和排放的减少。

以 CO_2 及以其为代表的温室气体造成的全球气候变化已对人类造成了巨大威胁。人类进入工业文明之后,短短 300 多年所排放的二氧化碳就使地球的二氧化碳气体浓度人为地增加了 5 倍。据统计,“城市消耗了 85%的能源和资源,排放了相同比例的废气和废物,流经城市的河道 80%以上都受到了严重的污染”③。而城市就是主角。

可见,城市的发展承载着太多的责任,它创造着文明,也制造“公共负产品”。中国正处于城市化的快速发展时期,并且中国的城市问题显

---

① 《马克思恩格斯选集》第 2 卷上,人民出版社 1972 年版,第 94 页。

② 参见华红琴、翁定军:《低碳城市:从理念到行动》,格致出版社、上海人民出版社 2010 年版。

③ 中国城市科学研究会主编:《中国低碳生态城市发展战略》,中国城市出版社 2009 年版。

得更加突出。“根据联合国报告统计，目前全球超过50万人口的城市中，有25%分布在中国。中国的城市化水平从1980年的19%跃升至2010年的47%，到2025年预计将达到59%。正是在这样的城市化大潮中，作为发展中国家，中国的城市问题显得更加突出。”“中国要以占全球7%的耕地、7%的淡水资源、4%的石油储量、2%的天然气储量来推动占全球21%人口的城市化进程，任务异常艰巨。这将迫使中国的城市化要走内涵挖潜式的道路。”①

城市建设必须转变发展模式，推进生产与生活消费模式的生态化，打造现代低碳城市，转变传统消费模式。英国财政部关于气候变化的经济学学报《Stern Review》(2006)指出，应对全球变暖，早采取行动比等待其反馈并产生主要影响的成本要小得多。气候科学家认为，未来几十年，全球碳排放量必然要显著抑制(可能是目前水平的50%～60%)，即将大气中CO_2浓度控制在大约450～550ppm范围内。这就需要我们在低碳城市建设中通过发展城市低碳经济，创新低碳技术，改变生活方式，最大限度减少城市的温室气体排放，彻底摆脱以往大量生产、大量消费和大量废弃的社会经济运行模式，形成结构优化、循环利用、节能高效的经济体系，形成健康、节约、低碳的生活方式和消费模式，最终实现城市可持续发展。

3. 低碳消费有利于都市人的身心健康，有利于社会的有序和谐发展

高碳消费的直接后果是资源浪费、污染严重、地球发烧。而地球发烧不仅严重破坏人类赖以生存的环境，而且威胁人类的健康甚至生命。气候变暖对人类健康的最直接影响是使热浪袭击频繁或严重程度增加，热浪、高温使病菌、病毒、寄生虫更加活跃，从而损害人体免疫力和疾病抵抗力，导致心脏、呼吸道系统等疾病的发病率和死亡率增加；气候变暖会助长某些媒介传染病的传播，比如登革热在有些地方卷土重来，在已经灭绝的加勒比地区、巴西、秘鲁等国再次出现。我国近20年来，在广东、广西、福建等省也先后爆发了登革热；气候变暖会加快大气中化学污染物之间的光化学反应速度，造成光化氧化剂增加并诱发一些疾病，如眼睛炎症、急性上呼吸道疾病、慢性支气管炎、肺气肿、支气管哮喘等；气

① 中国城市科学研究会主编：《中国低碳生态城市发展战略》，中国城市出版社2009年版。

候变暖可能使水质恶化或引起洪水泛滥而助长一些水媒疾病的传播。在降水较多的部分陆地地区，由于水位上升，人们饮用的地表水质因地表物质污染而下降，人们饮用后，易患皮肤病、肠胃疾病等水媒传染疾病；气候变暖还使空气中的真菌孢子、花粉和大气颗粒物随气温增高而浓度增加，使人群中枯草病、过敏性哮喘等过敏性疾病增加。

总之，气候变暖直接影响人类的健康。因此，人类急需建立良好的生活方式，低碳消费、低碳生活。

第二节 低碳消费的伦理观念与伦理原则

一、对低碳消费理念的认识

1. 目前对低碳消费的研究

从获得的资料来看，国内对此领域的研究还比较少。巢桂芳通过调查发现，政府部门对低碳知识的宣传力度不够，影响消费者参与低碳消费的程度。[①] 王建明通过质化研究，运用扎根理论方法发现，消费者低碳意识和社会参照规范是低碳消费的内部和社会心理归因，将低碳心理意识划分为环境问题感知、个体责任意识、低碳消费知识和感知个体效力。[②]

通过贺爱忠等对已获得的西方文献梳理发现，西方学者很少直接论及低碳消费，但是对低碳消费组成部分的节约能源使用、减少碳排放、消费者心理变量与消费者节能行为决策的关系进行了相关研究。BIESIOT 等对荷兰家庭能源使用的案例研究发现，时间、金钱、知识和技能等因素会影响家庭节能减排行为。BRANDoN 等通过实证研究发现，节能知识显著正向影响城市家庭节能行为。KREuTER 等认为，家庭成员对健康的关注程度会影响家庭节能行为。ABRAHAMSER 等指出，改变

---

① 巢桂芳：《关于提高低碳经济意识、创导低碳消费行为的调查与研究》，《经济研究导刊》2010 年第 31 期。

② 王建明：《公众低碳消费行为的心理归因和政策干预路径——一个基于扎根理论的探索性研究》，《第五届（2010）中国管理学年会——公共管理分会场论文集》，2010。参考中国知网全文数据库。

个人消费观念、偏好以及能力，可以达到干预家庭节能行为的目的。STEG 提出，个人的知识、观念、认知、动机和规范会影响个人节能行为决策。UPHAM 等通过对公众“碳标签”意识与家庭碳减排的关系研究发现，公众“碳标签”意识显著正向影响家庭碳减排。以上研究成果对研究低碳消费的心理影响因素具有重要的指导和借鉴意义。除此之外，利益应该是左右消费者心理需求的核心影响因素。①

2. 对低碳消费的认知途径

现代社会居民了解信息的途径很多，如报纸、杂志、广播、电视、互联网等，甚至还有口口相传如专题讲座、各类宣传活动等。据于洋、靳磊对大学生群体的调查显示，“互联网和报刊杂志”是大学生了解低碳知识的主要途径，紧随其后的是户外公益广告和专题节目宣传。城市居民在日常生活中，获取信息的途径较多，在接受调查的居民中，通过互联网了解“低碳消费”的人次最多，高达 789 人次，占接受调查总人次的 32.64％。其次，通过“广播电视等媒介”渠道了解的人有 559 人，占总人次比为 23.13％，接下来依次为“各类宣传活动”(477 人，占 19.74％)、“报刊与杂志”(347 人，占 14.36％)和“学校教育”(202 人，占 8.36％)，而通过“亲朋好友”途径了解低碳知识的人数最少(43 人)。②

3. 影响选择低碳消费的因素

梳理有关调查资料可以发现，影响选择低碳消费的因素很多，主要有：

第一，居民对低碳消费的认知程度。居民对低碳消费的认知程度越高越会选择低碳消费。

第二，居民的社会责任意识。居民的社会责任意识越强越倾向于节约资源、低碳消费。

第三，年龄因素。年龄越大的居民越倾向选择低碳消费。

第四，收入因素。据浙江理工大学孟艾红调查，收入对低碳生活意

---

① 参见贺爱忠、李韬武、盖延涛：《城市居民低碳利益关注和低碳责任意识对低碳消费影响的实证研究》(教育部人文社科研究规划基金项目(09YJA790067)，全国资源节约型和环境友好型社会综合配套改革试验区流通业绿色发展战略研究)。

② 于洋、靳磊：《城市居民低碳消费理念认知状况的调查分析》，《绿色科技》2011 年第 10 期。

愿的选择影响是不显著的，甚至是反向的。但她认为，这是因为被调查者的收入还没有达到一定的点。[①] 超过这个点，收入越高应该越会选择低碳。浙江万里学院魏水英的调查证实了这一点。家庭收入越高，对低碳认知的程度越高。年收入在100001元及以上的收入的公众对低碳完全了解占43.9%，年收入在5万元以下的家庭完全了解低碳则只占了24.3%。而认知的程度会直接影响消费的模式[②]。

第五，学历因素。一般来说，受教育水平越高，越会选择"低碳"。根据张松梅的实证分析，从学历上看，高学历者大多关注气候变化。本科及以上学历者，对气候变暖的关注比例高达91%，86.1%的知道温室气体，78.3%的知道怎么减少温室气体的排放，73.9%的人能区分低碳和高碳产品，几乎100%的高学历者认为自己有责任减少温室气体排放，支持低碳消费，并愿意为温室气体减排做出自己力所能及的贡献。但具体落实到行动上，高学历者也存在着言行不一的情况，比如仅有17.1%的被调查者选择公共交通代替私家车，59.3%的首选混合动力车或小排量车，48.7%的愿意购买低碳产品。可见，高学历者对气候变化的关注高，低碳消费知识丰富，社会责任意识强，懂得如何通过自己的行为减少温室气体排放，但现实中做到言行一致却有难度。[③]

另外，性别的影响。在性别因素对低碳消费意识与行为的影响方面，女性更愿意选择"低碳"。但王建明、徐振宇对杭州市下沙高教园区的调查结果正好相反。他们认为"性别对低碳消费意识的影响方面，男性相对比女性更了解注重低碳消费"[④]。

综合以上分析，低碳消费能否实现与低碳知识的普及、居民的责任意识、居民的收入水平以及接受的教育程度密切相关。因此，低碳城市建设实际上是一项系统工程，需要全方位、多方面的协同和配合。

---

① 孟艾红：《城市居民低碳消费行为影响因素的实证分析》，《经济观察》2011年第10期。

② 魏水英：《宁波市低碳经济发展的社会公众基础分析》，《浙江万里学院学报》2012年第3期。

③ 张松梅：《从城市居民低碳消费理念与消费行为的实证分析》，《特区经济》2012年第5期。

④ 王建明等：《城市年轻人低碳消费意识与行为及其影响因素》，《未来与发展》2010年第12期。

二、低碳消费的现状与问题

城市居民在消费过程中满足与否与能够用于消费的可支配收入有关，也与消费的消费效益和消费结构有关。消费效益是消费效用与消费费用的比较关系。即：消费效益与消费效用成正比，消费效益与消费费用成反比。其数学表达式为：消费效益＝消费效用/消费费用。

消费效用是指消费者在消费某种物品或服务时所得到的满足程度。因此，消费费用越低，消费时所获得的满足程度越高，消费效益就越高。而消费的总体满足程度与居民可用于消费的可支配收入以及消费结构和消费项目密切相关。

1. 居民生活进入小康，可支配收入逐年增长，消费支出也呈逐年上升趋势

进入 21 世纪以来，政府一直重视低碳城市建设，一批又一批的城市被列入低碳城市建设的行列。2012 年 11 月 26 日，国家发改委印发《关于开展第二批国家低碳省区和低碳城市试点工作的通知》，宁波市也被正式列入国家第二批低碳试点城市。倡导低碳绿色生活方式和消费模式自然成为全国许多城市包括宁波建设低碳城市建设的题中之义。

然而，中国正处在快速发展时期，许多国人的生活正日渐进入小康阶段。以宁波为例，从表 5-1 可以看出，宁波居民的人均可支配收入以及人均消费支出水平逐年增加，显示宁波居民的消费水平正在不断提高，也证明了宁波居民的生活质量正蒸蒸日上。

表 5-1　宁波消费零售与居民消费支出情况表

项目＼年份	2010	2011	2012
人均可支配收入 比上年增长	30166 10.2%	34058.34 12.9%	37902 11.3%
人均消费支出 比上年增长	19420 6.7%	21779.06 12.1%	23288 6.9%
商品零售总额 比上年增长	7506.6 亿 32%	9393.8 亿 25.1%	10610.8 亿 32.2%
消费品零售总额 比上年增长	1704.5 亿 19.2%	2018.9 亿 18.4%	2329.3 亿 13.1%

续表

项目＼年份	2010	2011	2012
零售业收入 比上年增长	1460.4亿 19.9%	1701.7亿 18.1%	1941.8亿 14.1%
汽车年增长率	42.3%	31.7%	4.8%
石油及制品年增长率	33.4%	59.2%	19.7%
服装类销售年增长率	32.7%	37.7%	39.0%
人均服装类支出	2067.24	2322.83	
人均食品支出	6898.71	8199.95	
人均金银珠宝增长率	47.8%	35.8%	19.0%
人均居住支出	1629.11	1381.92	
人均医疗支出	712.36	1106.84	
人均交通通讯支出	3091.11	3723.58	

注:①以上数据来自宁波统计局2010、2011、2012年的《宁波市国民经济和社会发展统计公报》。

②汽车、石油、服装、食品、珠宝销售年增长率指的是限额以上企业的商品。

2. 从消费结构看,居民的消费结构变化明显

恩格尔系数下降,医疗保健和交通通讯开支比例明显上升,居民在外用餐的费用支出呈逐年上升的态势。2011年,构成消费性支出的八大类除人均居住支出出现下降之外(主要由于国家对房地产调控政策的影响),其他都呈上升趋势。其中交通通讯开支比例上升特别明显。该类支出的较快增长,主要是由于家用汽车消费的强力拉动。而家用汽车是高碳消费的重要一份子。

3. 居民生活能源消耗总量与碳排放结构比例上升迅速

随着人民生活水平的日益提高,居民生活用能呈现逐年上升趋势,碳排放结构比例上升迅速,高碳消费现象日益明显。

早在2008年,宁波居民生活用能为314万吨标准煤,比上年增长17.7%,其中:成品油139.42万吨,增长105.6%。居民全部能源消费排放二氧化碳850万吨,约占宁波实际排放量的8.53%。近几年全市居民生活用能消费总量持续增长,特别是私家车增加导致的成品油增长幅度

最大，电力、成品油消费在居民生活碳排放中已经占据主导地位。[①]

从居民能源支出细项看，居民家庭水电燃料较去年同期有较大幅度增长。2010 年，人均水电燃料及其他支出 801 元，同比增长 11.0%。其中人均水费支出 129 元，同比增长 24.8%。这一方面是由于 2009 年 12 月和 2010 年 7 月份的自来水二次调价是居民用水支出增加的主要原因（自来水价格，分别从 2009 年 12 月的 2.2 元/吨，调整为 2010 年 1 月份的 2.75 元/吨；7 月份起又调整到 3.2 元/吨）；另一方面居民家庭用电、用气量的增加使电、燃料费支出上升。2010 年居民人均用电量 861 度，增长 8.5%，人均电费支出 467 元，增长 9.1%；人均燃料费支出 200 元，增长 13.0%。[②]

在居民出行方面，随着居民汽车拥有量的迅速上升，市民选择骑自行车出行的逐年下降，而选择私家小汽车出行的日渐增多。以宁波为例，2009 年，在国家小排量汽车购置优惠政策鼓励下，汽车进入居民家庭加速。资料显示，2010 年市区居民家庭每百户购买汽车 23 辆。至 2010 年年末，每百户居民家庭拥有家用汽车 25.18 辆，较上年同期增加 13.6%，是 2005 年的 5.9 倍。汽车拥有量的增加和车辆用燃油价格的上涨，使车辆用燃料及零配件的支出明显增长。2010 年度人均交通支出 2181 元，同比增长 0.8%，其中人均燃油支出 639.69 元，增长 27.3%；人均车辆使用税费 119.84 元，增长 30.8%。截至 2011 年 12 月末我市市区居民家庭每百户家用汽车拥有量为 33.2 辆，比上年增长 31.7%。汽车拥有量的增加无疑会消耗更多的能源总量，排放更多的二氧化碳。据统计，每燃烧 1L 汽油，要释放出 2.2 千克二氧化碳。[③] 居民出行消费日益呈现高碳特征。

从居民家庭耗能排放量来看，能耗的碳排放量最高的是私家车，平均年排放量达到 2978.1 千克。第二位是家庭电力消耗所产生的碳排放，年平均排放量为 1680.2 千克。宁波市家庭年天然气使用碳排放量为

---

① 数据来自历年《宁波统计年鉴》。

② 数据来自历年《宁波统计年鉴》。

③ 数据来自历年《宁波统计年鉴》。

183.2千克。宁波市家庭年水消耗的碳排放量94.5千克。[①] 碳排放结构正在发生变化，高碳消费现象日益明显。

4. 低碳消费行动滞后于观念

随着我国经济的发展，居民收入的提高，高碳消费方式所造成的资源压力和环境污染也越来越大，于是节能减排和低碳生活成为了当前的主要潮流导向，社会各界也呼吁人们从小事做起，从身边事做起，节能减排，倡导绿色低碳生活。

然而，与居民对于现实的关注度与实践程度不成比例一样，居民的低碳消费行动滞后于观念。对于"低碳"消费有不少居民是比较支持的，在是否愿意加入低碳生活与低碳行动的调查中，大部分公众不仅愿意参加低碳生活而且愿意加入低碳行动行列，例如有76.1%的公众愿意使用可循环环保品，很多低碳消费方式习惯已经渐渐深入人心。比如，在外出交通上：现在市民已普遍接受自行车、公交车出行代替轿车、出租车；一些民众认为，夏天空调制冷温度不宜过低，冬天制热温度不宜过高。另外，宁波公众在使用节能灯方面做得较好，使用率达到95.7%，全部使用节能灯的比例也达到29.2%；具有一定的低碳意识。然而，在有些方面，一些长期形成的浪费和非环保的习惯的改变依然不明显；另外居民在便捷和环保的选择中，更加趋于选择便捷。比如有50.9%的公众只使用一次性电池；在生活垃圾处理方式方面，只有13.4%的公众能够按照垃圾种类分类投入垃圾箱；在塑料袋使用方面，尽管国家强制性地要求对塑料袋进行收费，但仍有54.2%的公众在使用塑料袋；一次性筷子的使用率也非常高，只有21.6%的公众不使用。[②] 在出行方面，当公交规划线路设计不合理需要转车时，许多居民不愿选择乘坐公共交通，而是选择私家车出行。

另外居民的低碳生活存在瓶颈，如低碳产品缺乏、低碳产品昂贵等。

---

① 魏水英:《宁波市低碳经济发展的社会公众基础分析》,《浙江万里学院学报》2012年第3期。

② 魏水英:《宁波市低碳经济发展的社会公众基础分析》,《浙江万里学院学报》2012年第3期。

三、建立低碳消费的伦理理念倡导低碳消费的伦理原则

伦理学的基本主题关涉人与自然、人与社会、人与自身的三种基本伦理关系。建立低碳消费伦理观念，倡导一种可持续的城市低碳消费模式，即在维持高标准生活的同时，尽量使用节能低碳的产品和工具养成低碳生活的理念和习惯，让节能减排的生态环保意识成为每一个居民的生活主流价值，努力形成以政府为主导，以全体企业、公共部门和居民为主体的互动体系。这不仅是人类自身生存和发展的需要，也是以人的幸福为主题的伦理学的题中之义，更是每个人包括政府官员、各类专家、企业家乃至每个居民的责任。

1. 树立合理消费理念倡导节约性原则

合理消费(reasonable consumption)指在一定消费水平的基础上实现消费结构的优化，以提高消费的效益。合理消费注重消费支出各个项目之间的适当比例和相互搭配、消费品供给结构和需求结构的互相适应。简言之，通过消费结构的优化，以适量的能源取得最高的消费效用，以满足城市居民在追求幸福生活过程中所需要的物质需要和精神需要。

改革开放以来，特别是20世纪90年代之后，我国居民的消费结构发生了显著变化。一方面，居民消费支出在增加；另一方面，消费结构在优化，用于满足基本生存需要的食品、衣着等方面的消费支出比重大幅下降，而体现发展与享受需要的交通通讯、文化娱乐、医疗保健等方面的支出比重迅速上升。物质消费的水平在提高，精神消费的比重在增加。因此消费的总体满足程度在提升。然而，居民中也存在着一些错误的观念。如某些城市居民认为：自己或家庭占有的消费品，种类越多、价格越昂贵，个人幸福感就越强。于是，“面子消费”“奢侈消费”盛行。由此可见，在城市居民生活条件大大改善的前提下，推动城市低碳消费的发展，首先要求改变人们的思维定式，使低碳消费方式变成人们的一种心境、一种价值观和一种自觉行动，从自己的生活习惯做起，控制或者注意个人的碳排量；反对和限制盲目消费、过度消费、奢侈浪费和不利于环境保护的消费；彻底改变与节能减排背道而驰的消费陋习，以促进城市社会经济与生态环境的和谐共生。

节约性原则是指人们在选择低碳消费模式时，应本着对社会、对子

孙后代负责任的态度，节约利用自然资源和能源。我国是一个“人口大国、资源小国”，尽管我国有着辽阔的国土面积和丰富的自然资源，但是，我国各类自然资源的人均占有量都很低。据统计，我国耕地总面积位列世界第4位，而人均耕地面积排在世界第67位；年产矿石位列世界第3位，而人均占有量排在第80位；森林面积位列世界第6位，而人均排在第121位；水资源总量位列世界第6位，而人均排在第88位。基于这样的国情，城市消费必须本着“节约每一寸土地、每一份矿产、每一块木材、每一滴水、每一度电”的原则，发展城市经济，逐步改善和提高城市居民的生活水平。提倡节约，并不是反对和限制人们消费，更不是要求人们回到过去那个节衣缩食的年代。提倡节约，就是要反对浪费资源，过分追求奢华的物质享受。

2. 树立绿色消费理念倡导环保性原则

低碳消费是绿色消费，一种可持续的消费模式。人们已经认识到，在环境资源日益稀缺的今天，不能只顾追求物质上的满足，而忽视城市环境质量对于人类身心健康的影响。要促进城市社会经济与生态环境的和谐共生，更好地提高城市居民生活的质量。当然，绿色消费减少CO_2排放不仅是政府的责任，更应该是每个人的责任。

环保性原则是指人们在选择低碳消费模式时，应以有利于保护城市生态环境为宗旨，不能简单地认为选择了低碳消费模式就是保护了城市生态环境。一般而言，环保必须低碳，而低碳不一定环保。因为很多低碳消费品，虽然碳排放量不高，但是对于城市生态系统仍然有污染。例如，日常生活中，人们经常使用洗洁精洗手、洗碗、洗水果、洗衣物，这些化学合成物一旦排放出来，必然对城市水资源造成污染；还有城市中的各类电子垃圾，也是环境污染的直接来源。因此，选择低碳消费模式，必须与保护生态环境紧密结合。当前，面对不断恶化的城市生态环境，人们更加认识到保护和改善环境的重要性和紧迫性，并为此付出了巨大努力。保护和改善城市生态环境，不但要调整城市经济发展战略和经济增长模式，同时也要求改进人们的消费模式和生活方式。

现在，低碳环保的理念逐渐受到人们的重视。首先是我国政府大力提倡，比如2008年6月国务院下发的《关于限制生产销售使用塑料购物袋的通知》，简称《限塑令》；还鼓励乘坐公交汽车，减少私家车的使用，甚至在有些城市还分情况限制私家车的出行等，逐步引导人们走向低碳环保的消费方式。其次，城市居民的生活方式也在悄然改变。当今，在一些城市中渐渐形成了一些追求绿色低碳消费的群体，叫做“乐活族”(LohaS)，他们倡导绿色消费，主张健康、可持续的生活方式，出行选择步行或者骑自行车，减少一次性日用品的使用等。他们是低碳消费方式的先行者。

3．树立科学消费理念倡导科学性原则

科学消费理念是指符合人的身心健康和全面发展要求、促进经济和社会发展、追求人与自然和谐进步的消费观念，是指人们在选择低碳消费模式时，应尊重科学规律，一切从实际出发，选择适合于既满足自身发展需要，又有利于城市发展的消费资料和消费方式(文明、科学、健康的消费方式)。因地制宜、因人而异。例如，上海、北京、广州这样的大城市，基础设施完善，居民消费力强，选择低碳消费模式时，应主要考虑改变居民消费观念和消费结构，大力提倡健康消费、节约消费、环保消费。对于一些中小城市，特别是小城镇，则应更加注重基础设施的配套建设，转变经济发展方式，调整经济结构，大力发展低碳经济，增加居民收入和实际消费能力，引导居民选择健康文明的消费方式。

科学消费原则，主要包括安全健康消费、适时适度消费、正确选用商品和可持续消费等：①安全健康消费，主要指选用安全、环保、没有污染和有害物质的绿色食品，拒绝黄、赌、毒和迷信消费。②适时适度消费，包括“该出手时就出手”和合理确定消费的层次和购买商品、服务的档次。③正确选用商品。主要在选购商品时，要选择适合自己具体情况的商品，不要盲目攀比，不要赶时髦，避免不会用、用不上。④可持续消费，主要指正确处理生产投入、发展投入、积累和生活消费的关系。不仅要眼前过得好，而且要一生过得好，还要兼顾后代利益和公众利益。

4．树立快乐消费理念倡导愉悦性原则

追求快乐和幸福是居民消费的重要原因，让低碳消费成为快乐消费，让快乐消费理念伴随居民低碳消费，有助于低碳消费乃至于低碳生活的有序推进。

愉悦性原则是指在选择低碳消费模式时，应有利于提高城市居民的生活水平和生活质量，促进人们的物质生活与精神生活协调发展，从而得以全面地享受生活乐趣。人不仅要有物质生活，还要有精神文化生活，而且随着食、衣、住、行、用等基本物质生活需要满足程度的提高和人自身的发展，精神文化生活就显得更为重要。作为城市居民，除了要有一定的物质生活，还要有多方面的精神活动，才能深切感受到生命的价值，全面领略生活的乐趣。反之，如果过分沉溺于物质享受，而精神生活贫乏，或者品位不高，这种不和谐的生活很难说是真正快乐和幸福的。因此，人们在消费中应注重合理、均衡地安排其消费支出，追求适度、实用、舒心的物质生活，不断增加健康有益的精神文化消费，从而拓展精神生活空间，提升其精神境界。

总之，低碳消费是一种在消费过程中积极实现低能耗、低污染和低排放，基于文明、科学、健康的生态化消费方式，其实质是以低碳为导向，当代消费者对社会、后代也是对自己负责任的消费，从而实现人与自然、人与社会和谐共处。建立低碳消费的伦理理念倡导低碳消费的伦理原则，让城市居民逐渐选择低碳消费模式，过低碳生活，既有利于居民自身健康，又有利于城市环境的可持续发展，还有利于子孙后代的永续发展。可以说此举既利己利他又利万物，一举多得。

第三节　倡导低碳生活方式与低碳消费模式

温室气体排放是以消耗高碳化石能源为代价的经济发展方式、高碳生活方式和消费方式所造成的。有数据统计表明：二氧化碳排放总量的30%是由居民生活行为及其满足这些行为的能源消费造成的，这一比例将随着人民生活水平的提高逐年上升。也就是说，居民日常的生活和消费方式，构成了温室气体排放的一个重要组成部分。因此，引导居民从高碳生活方式和高碳消费模式向低碳生活方式与低碳消费模式转变，是控制和降低温室气体排放的重要途径。

低碳生活虽然主要集中于生活领域，主要靠人们自觉转变观念加以践行，但也需要政府营造一个助推的制度环境，包括制定长远战略，出台鼓励科技创新等政策，实施财政补贴、绿色信贷等措施，同时需要企业积极跟进，加入发展低碳经济的“集体行动”。因此，实现低碳生活是一项系统工程，需要政府、企事业单位、社区、学校、家庭和个人的共同努力。从居民个体来说，节能减排是低碳生活的核心。节能就是节电、节气、节水等，减排就是废物回收等，具体表现在居民的衣食住行等生活细节中。

一、低碳着衣

一个良好的生活习惯可以很大程度上减少不必要的浪费，引导人们在衣、食、住、行等日常生活方面，由高碳模式向低碳模式转变，明显减少单位 GDP 中来自居民生活消费的碳排放。

在着衣方面，低碳的良好生活习惯包括：

第一，少买不必要的衣服。服装在生产、加工和运输过程中，要消耗大量的能源，同时产生废气、废水等污染物。在保证生活需要的前提下，每人每年少买一件不必要的衣服可节能约 2.5 千克标准煤，相应减排二氧化碳 6.4 千克。如果全国每年有 2500 万人做到这一点，就可以节能约 6.25 万吨标准煤，减排二氧化碳 16 万吨。

第二，多选择棉、麻等天然纤维所制作的服饰。据有关专家研究，化学合成纤维利用了石油等原料人工合成，生产过程需要消耗较多的能源包括水电等，加上其材料不容易降解，废弃时又需要更多能源处理掉这类材料，加大了碳排放量。相反选择棉、麻等天然纤维所制作的服饰，生产过程中减少了原料加工的大部分步骤，与化纤面料相比，更能达到低碳的目的。

第三，夏天时出门穿凉爽、轻便浅色的衣物，穿衬衣可以不打领带，选择免熨类的服装等。

第四，减少丢弃衣服，以 DIY 形式翻新旧衣或转赠衣物予他人。

第五，少用纸巾等一次性物品，重拾手帕等可循环物品。

第六，减少洗衣、烘干和熨烫的次数；选用节能洗衣机，洗衣机载满才开，以减低耗电；选择强档洗衣，在同样长的洗涤时间里，弱档工作时，电动机启动次数较多，也就是说，使用强档其实比弱档省电，且可延长洗衣机的寿命。按转速 1680 转/分（只适用涡轮式）脱水 1 分钟计算，脱水率可达 55%。一般脱水不超过 3 分钟。再延长脱水时间则意义不大。或者机洗改为手洗，变烘干为自然晾干，以降低能源消耗。

二、低碳饮食

低碳饮食的概念是阿特金斯医生在1972年撰写的《阿特金斯医生的新饮食革命》中首次提出的。他本来的意思就是低碳水化合物，主要注重限制碳水化合物的消耗量，增加蛋白质和脂肪的摄入量。他的目的主要是为了减肥。但在这里我们只是借用这一概念。笔者以为，低碳饮食的含义应该是：在保证人体正常需要的基础上，低碳水化合物，多菜少肉，吃新鲜的食品，本地的食品，季节性的食品。目前我国国民的日常饮食，是以大米、小麦等粮食作物为主的生产形式和“南米北面”的饮食结构。而低碳饮食可以控制人体血糖的剧烈变化，从而提高人体的抗氧化能力，抑制自由基的产生，长期还会有保持体型、强健体魄、预防疾病、减缓衰老等益处。但由于目前国民的认识能力和接受程度有限，不能立即转变。因此，低碳饮食将会是一个长期的、艰巨的工作。不过相信随着人民大众普遍认识水平的提高，低碳饮食将会改变中国人的饮食习惯和生活方式。

1. 改变饮食结构，减少肉、蛋、奶等动物性食品的摄入

改变饮食结构，多菜少肉以减少肉、蛋、奶等动物性食品的摄入，一方面可以减少畜牧业造成的温室气体排放量；另一方面也有利于人的身体健康。肉类在生产、加工及处理过程中排放的温室气体很高。联合国粮农组织(FAO)2006年报告《牲畜的巨大阴影：环境问题与选择》指出：由于人类对肉类和奶类的需求不断上升，畜牧业造成的温室气体排放量，按等量二氧化碳测量占全球总量的18%，超过全球交通运输业排放量，位居第二。该报告指出：畜牧业是世界最大的甲烷来源，占人类活动引起的甲烷总量的37%，其温室效应(GWP)是等量二氧化碳的23倍。大量的肉食需求带动了畜牧业、大规模工厂化饲养。而空前未有的牲畜饲养消耗了太多的水、电、石油、土地、森林、草地、粮食等等。毋庸置疑畜牧业是全球暖化和环境问题的重要原因。因此，适当改变饮食结构，减少饲养动物可以有效地降低温室气体的排放量。《全民节能减排手册》一书中指出每人每年少浪费0.5千克猪肉，可节能约0.28千克标准煤，相应减排二氧化碳0.7千克；全国可节能约35.3万吨标准煤，减排二氧化碳91.1万吨。更有数据表明，吃1千克牛肉，等于排放36.5千克二

氧化碳;而吃同等分量的果蔬,二氧化碳排放量仅为该数值的九分之一。所以多吃素少吃肉,不仅有益身体健康,还能减少碳排放量。

2. 购买新鲜的、本地的、季节性的产品

(1)选购未经加工及本地生产的新鲜食品,减少化学农药和肥料毒害身体,又可减少长途运输耗用的能源和产生的污染。

(2)购买本地的产品能减少在产品运输时产生的二氧化碳。

(3)购买季节性的水果和蔬菜能减少温室生长的农作物。很多温室都消耗大量的能源来种植非季节性的产品。

3. 购买包装简单的产品并自备购物袋,尽量少用甚至不用塑料袋

(1)注意购买包装简单的产品。这意味着在包装的生产过程中,消耗了较少的能量,减少了送往垃圾填埋地的垃圾,也减少消费者的经济负担。

(2)在购买食物时,自备购物袋,尽量少用甚至不用塑料袋或重复使用塑料袋。塑料袋都由聚乙烯制成,其原料主要来自不可再生的煤、石油、天然气等矿物能源,不用或少用塑料袋就是节约地球能源。据统计,每年全球要消耗超过5000亿个塑料袋,其中只有不到3%可回收。我国每年塑料废弃量超过100万吨,用了就扔的塑料袋,不仅造成了资源的巨大浪费,而且使垃圾量剧增,更为可怕的是,掩埋后的塑料袋需上千年时间实现生物递降分解,期间还要产生有害的温室气体。因此,尽可能少用甚至不用塑料袋。

4. 低碳烹调法

中国的餐饮与中国人的饮食习惯紧密相关,讲究色香味俱全,烹饪食品的过程需要消耗大量能源,并排放大量二氧化碳。因此,改变我国餐饮业高碳消费模式,除了餐饮企业改变能源结构和制作流程外,还需改变人们不健康的饮食习惯,在保证食物口味的前提下使用低碳烹调。尽量节约厨房里的能源。

(1)煮饭炒菜,按食量预备食物分量,以免分量过多而造成浪费。

(2)用明火煮食。用大火比用小火烹调时间短,可以减少热量散失。但也不宜让火超出锅底,以免浪费燃气。烧煮前,先擦干锅外的水滴,能够煮的食物尽量不用蒸的方法烹饪,不易煮烂的食品用高压锅或无油烟不锈钢锅烧煮、加热熟食用微波炉等等方法,也都有助于节省燃气。

(3)选用节能炊具如节能电饭煲,高压锅等烹调。对同等重量的食品进行加热,节能电饭锅要比普通电饭锅省电约两成,每台每年减排二氧化碳 8.65 千克。在厨房做饭时,还应尽量避免抽油烟机长时间空转,如果每台抽油烟机每天减少空转 10 分钟,1 年可减少二氧化碳排放 11.7 千克。另外,剩菜冷却后,用保鲜膜包好再送进冰箱;热气不仅增加冰箱做功,还会结霜,双重费电。冰箱内存放食物的量最好控制在 80%左右,无论是多还是少了都费电。食品之间、食品与冰箱之间应留有约 10 毫米以上的空隙。用数个塑料盒盛水,在冷冻室制成冰后放入冷藏室,这样能延长停机时间、减少开机时间。

5. 出外用餐,吃多少、点多少,减少厨余量,拒绝浪费

同时,养成自带餐具的习惯,多用永久性的筷子、饭盒,拒绝一次性餐具。一次性餐具给人们带来了短暂的便利,却给生态环境带来了灾难。它们加快了地球资源的耗竭,所产生的大量垃圾则造成环境污染。据统计,中国每年生产 800 亿双一次性筷子,首尾相接,可以从地球往返月球 21 次,可以铺满 363 个北京天安门广场,每年为生产一次性筷子减少森林蓄积 200 万立方米。随身携带环保筷,每减少 1 万双一次性筷子,少砍掉 0.32 棵树,减碳 3.7 千克。

三、低碳出行

交通产生的二氧化碳占温室气体排放量 30%以上,减少此类排放量的最好办法是低碳出行。

1. 选择低碳出行工具

选择低碳出行工具,如自行车或者公交车。如果一定要用私家车,在私家车车辆的选择上,提倡选择小排量汽车和新能源环保型机动车如电力车、氢动力车等城市绿色交通工具。

(1)少乘飞机。飞机从停机坪上升到空中所排出的二氧化碳等于 3600 台汽车的排放量。

(2)选择小排量汽车和新能源环保型机动车如电力车、氢动力车等城市绿色交通工具,注意开车节能。

在机动车车辆的选择上,提倡选择小排量汽车和新能源环保型机动车如电力车、氢动力车等城市绿色交通工具。电动汽车最大的优点是零

排放、低噪音、无污染，节能环保。

开车时养成良好的开车节能习惯，如避免冷车启动，减少怠速时间，避免突然变速，选择合适挡位避免低档跑高速，定期更换机油，高速莫开窗，轮胎气压要适当等。

(3)选择自行车或电动自行车。在所有市民出行工具中，自行车为首选，也是许多国家大力提倡和推行的出行方式。如哥本哈根推行自行车代步，市内所有交通灯变化的频率是按照自行车的平均速度设置的。丹麦是自行车的王国，政府为这些自行车设置了专门的车道。

鼓励自行车出行需有良好的道路条件，为骑车人创造良好的骑车体验。例如2008年珠海市政府批准了市规划局完成的《珠海市慢行系统规划(2007—2020)》，不仅详细规划了包括自行车交通在内的慢行交通系统，还专门规划了自行车系统发展对策。慢行系统规划将主城区划分为12个慢行圈。在自行车出行率高的地点，还建立起自行车保护圈，确保自行车交通的通畅、安全、宁静和舒适，确保自行车网络的完整。

2. 低碳旅游

如何就旅游行业减少碳足迹，倡导“低碳旅游”?《国务院关于加快发展旅游业的意见》就是在节能减排，减少碳足迹的背景下，国家配合低碳经济而进行的产业调整的标志。作为旅游者，可以低碳旅游。

(1)减少自驾旅游。

(2)提倡在景区内步行或者用自行车旅游等。

(3)自带清洁用品。

自带清洁用品减少更换被铺的需要，因酒店每次回收的毛巾、被单、床铺都需要用大量的水和清洁剂来清洗，造成水质污染。而一次性的洗刷用品都要经历回收、再造的过程，其中产生的废物及废料地球需要好几十年才能氧化掉。

四、低碳建筑

低碳建筑，要求在其整个寿命过程中节约能源和成本，尽量杜绝“建筑短命”的极大浪费。在减少碳排放的进程中，低碳建筑的普及和推广具有重要的意义。

1. 降低建筑物能耗

(1)降低新建筑物能耗。制定低碳建筑标准，降低新建筑能耗。以英国为例,2007 年 4 月英国政府颁布了“可持续住宅标准”,政府宣布对所有房屋节能程度进行“绿色评级分”,从最优到最差设 A 级至 G 级 7 个级别,被评为 F 或 G 级住房的购买者,可由政府设立的“绿色住家服务中心”帮助采取改进能源效率措施,这类服务或免费或有优惠。

(2)通过改造降低旧建筑物能耗。对旧建筑设施能耗实行分类管理,利用建筑节能技术进行节能改造,如窗户改换、外墙保暖(可以得到政府财政补贴)等,降低建筑能耗。

2. 选择户型小、节能型建筑

选择户型小、节能型建筑可以提高土地的利用率。许多发达国家住房面积都低于我国。瑞典、德国、日本的平均住宅面积在 1978—1980 年最大,其中瑞典 115 平方米、德国 103 平方米、日本 94 平方米;随着经济水平的提高,住房的面积反而逐步降低。现阶段,我国住房户型偏大,这与我国国情是不相容的。

3. 建筑设计、居住社区规划中突出节能、减少生态占有的理念

在建筑设计上引入低碳理念,如充分利用太阳能、合理设计通风和采光系统、选用隔热保温的建筑材料及节能型取暖和制冷系统,从根本上降低建筑能耗。如努维尔(Jean. Nouvel)的居住社区规划中充分突出了节能、减少生态占有的理念。在他的设计中,太阳能及地热等清洁能源成为社区能源利用的极为重要的补充。通过在建筑物顶部架设太阳能光板以补充这栋建筑物的能源需求;同时,通过对人们的日常行为活动的观察,他大胆地把室内活动与室外活动分割开来:室内活动可以充分开发建筑物顶层的空间,再通过建设温房以同时利用建筑物顶层的阳光资源,使得室内温度达到可以满足室内活动的目的。室外活动则充分利用停车场等场所,通过把停车场转移至地下以利用地面的空间,满足一些室外活动的项目。通过对室内、室外活动的优化,既满足了居民的日常生活,又节省了大量的土地资源。《京都议定书》签订以后,未来城市如何发展没有现成的模板,但巴黎的建设可以为未来城市提供一种范式、一种启示。[①]

4. 放大社区功能

放大社区功能,把家庭共有的“空间”释放出来,例如家庭体育、娱

---

① 黄辉:《大巴黎规划视角:低碳城市建设的启示》,《城市观察》2010 年第 2 期。

乐、学习等占用空间的功能，完全可以“外包”到社区，这样可以有效节约住房面积，更主要可以培养社区人和谐相处，共建社区文明，这样的建筑是往和谐生态群落方向发展，既有“分工”，又有“合作”。

5. 提高城市的新陈代谢能力

城市居民可以通过建造太阳能屋顶、花园屋顶、花园阳台、绿草墙壁等，通过种植树木花草等绿色植物，扩大房屋甚至城市的绿色覆盖率，增加绿色植物对二氧化碳的吸收能力，从而减低房屋的碳浓度。在增加居家舒适度的同时，提高城市本身的新陈代谢能力。

6. 低碳装修家园

(1)简约大方最利于节能。近几年来，许多居民拒绝采用过去那种崇尚奢华的家装设计理念，改走简约路线。因此简约的设计风格渐渐成为家庭装修中的主导风格。所谓简约的风格即以自然通风、自然采光为原则，减少空调、电灯的使用几率，充分利用可循环材料、节约装饰材料、节约用电、节约建造成本。这恰恰就是家装节能中最为合理的关键因素，当然简约并不等于简单，只要设计考虑周全，以自然通风、自然采光为原则的简约风格是很适宜现代装修，特别是年轻人的装修来使用的。而且这样的设计风格能最大限度地减少家庭装修当中的材料浪费问题。如减少空调、电灯的使用几率即可节约装饰材料、节约用电、节约建造成本。

(2)少改动少修饰。即使房间结构存在很多问题，也不要大规模改动。消费者可以和设计师多沟通，用其他办法解决或弥补。房间中尽量少用隔断等装饰手法，尽量用空间的变化来达到效果。如果一定要使用隔断，尽可能将其与储物柜、书柜等家具合二为一，减少其独立存在的机会，这种通透的设计一方面可以增大室内空间，同时还可以加速室内空气流动，减少空调、电扇等家用电器的耗能；另外也很大程度上减少了能源浪费。

(3)色彩回归环保自然。以前的家总是千篇一律的白色，随着化工产业的发展，家居的颜色越来越多。其实色彩的运用也是关系到节能的，过多使用大红、绿色、紫色等深色系其实就会浪费能源。特别是高温时节，由于深色的涂料比较吸热，大面积设计使用在家庭装修墙面中，白天吸收大量的热能，晚上使用空调会增加居室的能量消耗。

(4)绿色建材筑就低碳生活。在装修过程中,在装饰材料的选择上要尽可能地选择再生性强或使用可循环利用的材料。比如,多使用竹制、藤制的家具,这些材料再生性强,也能减少对森林资源的消耗;可以更多在一些不注重牢度的"地带"使用类似轻钢龙骨、石膏板等轻质隔墙材料,尽量少用黏土实心砖、射灯、铝合金门窗等资源浪费较大的材料。

而在一些设计上也可以考虑放弃,比如绝大多数家庭只是偶尔使用的射灯和灯带,其实是造价不菲的设计,很可能成为一大浪费。完全可以通过材质对比、色彩搭配等各种手段,替代射灯和灯带。此外,搬新居时,能继续使用的家具尽量不换。对于废旧物品可以变废为宝。比如,将喝过的茶叶晒干做枕头芯,不仅舒适,还能帮助改善睡眠;用废纸壳做烟灰缸,随用随扔,省事且方便。

五、养成低碳生活习惯,降低能源需求、自觉选择可再生能源与新型能源

其实低碳生活是一种生活态度,就是在对人类生存环境影响最小,甚至是有助于改善人类生存环境的前提下,让人的身心处于舒适的状态。低碳生活的核心是节能减排,但是并不是降低生活质量,而是养成良好的生活习惯,降低能源需求、自觉选择可再生能源与新型能源以减少碳源。

1. 利用太阳能、风能

其实利用太阳能这种环保能源最简单的方式,就是尽量把工作放在白天做。这不但节能,而且符合人类的作息时间,有利于身体健康。

2. 循环再利用

靠循环再利用的方法来减少材料使用,可以减少生产新原料的数量,从而降低二氧化碳排放量。例如,纸和卡纸板等有机材料的循环再利用,可以避免从垃圾填埋地释放出来的沼气。因此,节约用纸就是保护森林、保护环境。尽量少消耗铝膜包装的利乐砖包装,以及其他一次性用品。

另外,有些垃圾可回收利用。倾倒家庭垃圾时,人们自觉地将纸张、塑料、易拉罐等分类送进垃圾箱(有些地方违者如被发现要处罚款)。例如,废纸被直接送到造纸厂,用以生产再生纸;饮料瓶、罐子和塑料等也

可以送到相关的工厂，成为再生资源；家用电器可以送到专门的厂家，进行分解回收。与此同时，还可以将多余或不用的物品集中起来，通过交换和捐赠的办法，达到重复利用的目的。

这样做一方面可回收宝贵的资源节约能源，另一方面可以同时减少垃圾，减少填埋和焚烧垃圾所消耗的能源，减少二氧化碳的排放。

在我们的生活中稍加留意，便可发现有许多材料可循环使用，列举如下：

(1)每天的淘米水可以用来洗手、洗脸、洗去含油污的餐具、擦家具、浇花等。干净卫生，天然滋润。

(2)将废旧报纸铺垫在衣橱的最底层，不仅可以吸潮，还能吸收衣柜中的异味；还可以擦洗玻璃，减少使用污染环境的玻璃清洁剂。

(3)用过的面膜纸可以用它来擦首饰、擦家具的表面或者擦皮带，不仅擦得亮还能留下面膜纸的香气。

(4)浸泡过后的茶叶渣，把它晒干，做一个茶叶枕头，既舒适，又能帮助改善睡眠；还可以用来洗碗，做手工皂的原材、晒干后可吸异味。

(5)出门购物，尽量自己带环保袋，无论是免费或者收费的塑料袋，都减少使用。

(6)用过的塑料瓶，把它洗干净后可用来盛各种液体物质(也可以盛放一些豆类)。

(7)食物废料、残渣，可以当做肥料用。

(8)用剩的小块肥皂香皂，收集起来装在不能穿的小丝袜中，可以接着用。

3. 选择应用节能低碳产品

城乡居民尽量选择利用太阳能等可再生能源进行照明和供暖。购买使用有节能环保认证标识的绿色家用电器或有低碳标志的低碳产品。推广使用节能灯(同样亮度的节能灯耗电量为白炽灯泡的四分之一；以11瓦节能灯代替60瓦白炽灯泡、每天照明4小时计算，1支节能灯1年可减排二氧化碳68.6千克)、节水用具、太阳能热水器、节能空调、冰箱、洗衣机、平板电视、汽车等低碳节能环保新产品。

4. 选择节能的生活习惯

(1)节电。

第一,上楼节能:家住7层以下的高层楼中,平时可以根据身体状况选择上楼的方式。

第二,限制空调的使用时间、选择合适的空调温度。空调是耗电量较大的电器,设定的温度越低,消耗能源越多。空调启动瞬间电流较大,频繁开关相当费电,且易损坏压缩机。将风扇放在空调内机下方,利用风扇风力提高制冷效果。空调开启后马上开电风扇。晚上可以不用整夜开空调,省电近90%。将空调设置在除湿模式工作,此时即使室温稍高也能令人感觉凉爽,且比制冷模式省电。在空调温度的设置上,开空调后调至室温25~26℃之间(最好26℃以上),用小风,这样既省电也低碳。

第三,合理使用电器。电视机在待机状态下耗电量一般为其开机功率的10%左右,因此,不要频繁开机;使用电脑时,尽量使用低亮度,开启程序少些;短时间不用电脑时,启用电脑的"睡眠"模式,能耗可下降到60%以下;关掉不用的程序和音箱、打印机等外围设备;少让硬盘、软盘、光盘同时工作;不让电池完全放电;长时间不用选"关机";如果只用电脑听音乐,显示器可以调暗,或者干脆关掉。

如果热水用得多,不妨让热水器始终通电保温,因为保温一天所用的电,比一箱凉水烧到相同温度还要低;电器长时间不用,随手关闭电器电源;随手关灯。

第四,利用办公自动化系统,多用电子邮件、MSN等即时通讯工具,少用打印机、复印机和传真机;每张纸都双面打印。

第五,在公园等适合跑步的空气清新的地方中慢跑取代在跑步机上锻炼。

第六,网上付账单。在网上进行银行业务和账单操作,不仅能够挽救树木、避免在发薪日开车去银行,排放不必要的二氧化碳,还能减少纸质文件在运输过程中所消耗的能源。

(2)节水。

供应食水和处理污水的过程都会产生碳排放,因此,减少浪费食水即能帮助减碳。

第一,洗干净同样一辆车,用桶盛水擦洗比用水龙头冲洗用水量更少。

第二,可以把马桶水箱里的浮球调低2厘米,一年可以省下4立方水。

第三，沐浴时不使用浴缸浸浴，淋浴时间不多于 8 分钟。因为浴缸是极其耗水的沐浴方式，如果用淋浴代替，每人每次可节水 170 升，同时减少等量的污水排放，可节减排二氧化碳 8.1 千克。

第四，使用节水的水龙头。使用感应节水龙头可比手动水龙头节水 30％左右，每户每年可因此减排二氧化碳 24.8 千克。

(3)节气。

第一，建立节省档案，把每月消耗的水、电、煤气也记记账，做到心中有数；

第二，买电器看节能指标，这是最简单不过的方法了；

第三，实验证明，中火烧水最省气。

另外，多植树或支持环保事业，增加碳汇；或者选择购买含有碳信用额度的商品和服务。比起少开车、少开空调，碳汇的主意，受到更多人的欢迎。与减排手段相比，林业碳汇措施因其低成本、多效益、易操作，成为减缓气候变暖的重要手段。对居民来说，绿化不仅是去郊区种树，在家种些花草一样可以，还无须开车。

第四节　引导居民低碳消费行为的对策建议

一、普及低碳知识，转变居民消费观念

低碳消费体现人们的一种心境、价值和行为。引导居民低碳消费首先需要居民对低碳、低碳城市建设、低碳消费、低碳消费伦理等概念有一定的认识。意识决定行为，良好的教育能改变人们的意识及行为，使人们的消费行为转向合理。这就要求政府、社区必须通过全方位的努力，如通过有关专家、相关从业人员、志愿者等利用网络、报纸、电视、广播、海报，举办低碳消费相关知识讲座、公益广告、绿色消费知识竞赛、低碳环保宣传板展览，组织节约资源倡议签名活动，举行大学生人体艺术行为展示，甚至上门宣传等活动，积极宣传有关低碳、低碳消费和低碳伦理的知识，进一步培养城市居民的社会环境责任意识，让低碳消费伦理成

为一种新的消费文化，而低碳消费则成为一种新的消费潮流，为加快构建我国低碳消费模式打下坚实的基础。就宁波而言，可以进一步建立完善低碳信息传播体系和公益性的低碳节能咨询网络；进一步加强低碳教育、低碳培训；组织低碳宣传和低碳实践活动，如曾经组织的宁波节能环保技术与产品博览会、生态环保行、大学生志愿者进社区等等。

二、积极营建低碳消费的氛围，努力提供良好低碳消费环境

低碳消费方式所倡导的消费行为并不是单纯的抑制人们的消费以达到降低碳排放量的目的，而是通过低碳技术提高能耗使用效率，注重环保、节约资源，在追求舒适生活的同时降低碳排放量，所以说低碳消费倡导人们低碳的同时并不牺牲人们的生活质量。这就要求政府积极营建低碳消费的氛围，努力提供良好低碳消费环境。一方面，进一步发展文化产业、旅游产业、医疗、健康养生产业，以满足城市居民的精神需求；另一方面，城市设计要合理安排商业区、住宅区、工作区，尽可能减少居民出行的时间、路程；城市管理要提高效率。这方面，宁波市政府已经做了大量工作。以交通管理为例，坚持优先发展城市公共交通战略，提高公共交通出行分担率，加强公交事业的投入，大力推行节能低碳交通。具体如建设一小时交通圈、轨道交通、增加公共交通站点等。另外，市政府已批准实施《宁波市区公共自行车系统建设和管理实施方案》，从2013年9月份起有望实现一小时免费租借自行车。当然，这方面的工作是做不完的，有关部门仍然可以在增加公共交通站点、优化公交线路方面下工夫，实现公交站点广覆盖，公交线路多直达，以实现方便、快捷的交通理念，使市民乐于选择公交出行。

在垃圾处理方面，垃圾分类收集处理与循环利用是节约资源、保护环境的有效办法。发达国家早在20世纪七八十年代就陆续实行分类收集。在国内，许多城市的垃圾分类收集正在紧锣密鼓地推进。2013年4月1日，我国第一部城市垃圾分类管理法规《广州市城市生活垃圾暂行管理规定》实施。2013年4月12日，《宁波市生活垃圾分类处理与循环利用工作实施方案》也得到宁波市人大批准正式出炉。根据方案，我市生活垃圾分类将分阶段逐步予以实施（先示范后推广）。现在，宁波经过试点，已积累了不少经验。如把生活垃圾分为可回收垃圾、厨余垃圾、有害

垃圾、其他垃圾4类；免费发放垃圾袋，垃圾桶，鼓励市民实现源头上的分类投放；像平常的灯泡、过期药品、废弃电器电子产品之类的有害垃圾都会放在专门的一个桶里，有的社区还会定期举办活动，有害垃圾还可以换盆栽。

当然，这方面的工作还大有可为，如有不少社区没有设立废旧电池等有毒垃圾投放点，有的虽有废旧电池投放点但标志不明显，或者居民投放不方便等。另外，社区可以定期举办跳蚤市场或开辟社区网络空间，为社区居民间旧衣旧物等物品提供交换的场所或者相关信息，以期达到废旧物品循环利用的目的。进一步倡导家庭节能减排的科学观念，以主妇为主体和纽带，带动家庭成员投入到家庭环保的具体实践中去，从家庭生活细节入手，逐步建立文明健康、简约环保的生活方式。

三、完善低碳市场，降低低碳产品的价格

随着低碳知识的普及和人们对环境与健康的关注，低碳产品将成为城市居民的消费亮点，这就有必要完善低碳市场。作为城市政府部门应研究产品“碳足迹”计算方法，建立低碳产品标准、标识和认证制度，制定低碳产品认证和标识管理办法，强化低碳产品认证，加大低碳产品监管，让居民在消费选择时有据可依放心消费；制定相关措施，鼓励企业开发和生产低碳产品，完善低碳市场。而企业家则要保证低碳产品的质量，同时又要尽可能地降低城市消费者购买低碳环保产品的成本。低碳产品的价格主要内含了保护环境的成本，其价格往往比普通产品价格高。因此，企业在制定价格时除了充分考虑到低碳产品的环境成本之外，还要考虑城市消费者的可接受范围。既不可以以压低价格的方式提高市场占有率，长期会使城市消费者在潜意识里把便宜、低档次、过时、品质低劣等与低碳产品的品质联系起来，不但无益于提高产品的销售，反而会降低产品的美誉度，让城市消费者对低碳产品的真实品质产生怀疑，从而忽略了企业本身的环保优势，同时也不能为了短时间内获得较高的利润而把低碳产品的价格定得过高。企业应在保证质量的同时合理定价，满足广大城市消费者的需求，实现城市消费者和企业家的双赢。

综上所述，低碳消费要从概念变成观念，从观念变成责任，从口号变成行动，从行动变成生活方式，既需要政府从城市设计、城市管理、产业

调整上下工夫，又需要企业在产品的研发、定价等方面费心思，还需要众多的专家、媒体、相关从业人员、社区干部的积极宣传和引导，营造一个以低碳消费伦理为核心的低碳文化，以低碳环保为时尚的消费氛围。而这一切，归根结底需要落实到作为消费主体的全体城市居民身上，只有城市居民的积极认同和热情参与，低碳消费才能成为现实，低碳城市建设才会有实质性的进展。

第六章　建设低碳城市的政府管理伦理维度

低碳城市的建设固然需要在人与自然和谐发展的这样一种生态伦理要求下的全民自觉，但是，毫无疑问，政府管理的作用特别地重要。政府在其中一定是也必须是一个强有力的实践者、引导者和推动者。政府承担着低碳城市建设的政策制定以及构建经济发展框架的重要职能。在低碳城市建设中，政府综合运用必要的法律、行政和经济手段，指导长远战略，利用各种制度和政策工具，弥补市场、企业与社会的缺陷和不足，规范和推动低碳城市的建设。没有政府的引导推动，实行低碳排放、建设低碳城市是不可想象的。所以，从生态伦理的视角探讨低碳城市建设，就必须从政府层面和政府管理伦理的角度，进一步明确和强化政府管理的生态伦理责任，政府自觉实现从高碳管理模式向低碳管理模式转变，以“低碳政府”带动低碳城市和低碳社会的发展。因此，本章从政府管理伦理的视角进一步探讨强化政府管理的生态伦理责任和政府低碳管理的必要性、政府在低碳管理和建设低碳城市中应该承担的伦理责任和实现路经以及政府在宁波低碳城市建设中的实践路径。

第一节　政府在低碳城市建设中的管理伦理

一、政府的管理伦理和政府的生态伦理

1. 政府的管理伦理

政府的管理伦理是指政府在全部行政管理活动中所应该和必须遵循的伦理责任要求，既包括思想意识、价值观念等主观因素的一般伦理要求，也包括政府在行政过程中应遵循的活动规则、工作程序、办事规则、言行标准、行政纪律等客观要求，以及违背这些伦理责任所应付出的代价。一个系统化的政府伦理责任规范并将其贯穿于政府的整个行政管理活动过程，对于现代政府来说是十分必要和迫切的。正如美国著名公共管理学者珍妮特・V. 登哈特、罗伯特・B. 登哈特所认为的，政府应对现代民主治理的各种制度和价值规范负有责任，如果政府的任何一个行政行为不能够在伦理上被合理解释，本身就是不负责任的行为。

2. 政府的生态伦理

政府的生态伦理是现代政府管理伦理的重要组成部分。由于政府行政管理的范围比较广泛、部门和环节比较多，政府的生态伦理表现在各个方面的具体的决策和管理活动中。所谓政府的生态伦理就是政府在履行生态环境管理职能包括建设生态文明，建设低碳城市的各个方面，在生态环境管理的各个环节所应该和必须承担的伦理责任要求。

3. 政府低碳管理

政府低碳管理是政府生态管理的重要内容和环节，是指具有低碳发展理念，以促进低碳经济以及低碳社会发展作为其基本职能之一，不断提供推动低碳发展的各种制度保障，既实现对社会公共事务管理的低碳化，也实现对自身内部事务管理的低碳化。

政府低碳管理是建立在政府的生态伦理自觉下的政府管理活动。目前，我国在工业化和城市化进程中，经济生活中的高碳排放和生态环境的恶化已经不仅仅是一个经济社会问题，更是一个伦理问题，体现出在生态环境管理和低碳建设中政府管理伦理责任的缺失。工业化过程

中许多矛盾的产生，生态环境方面的群体性事件的发生和政府、民众间的激烈对抗以及政府寻租带来的行政腐败，都要求低碳管理的公共政策制定公开化与透明化。政府在关于生态环境的公共政策制定中适应公众的意志及伦理价值取向，更多地承担生态伦理责任应该是时代和经济社会发展的必然。

所以，有责任的现代政府，需要政府生态伦理责任的自觉认同和有效承担，政府生态伦理的提出首先是基于现代政府生态伦理责任的缺失而提出的一种强化政府生态伦理责任承担之举，也是政府管理伦理在低碳城市和环境管理的具体化和规范化的表达。政府管理的生态伦理成为整个社会价值体系的有机组成部分。

二、在低碳城市建设中强化政府生态伦理的必要性

1. 强化政府的生态伦理和低碳管理是弥补市场失灵的需要

在建设低碳城市过程中，难免会遇到传统观念、高碳产业以及其他既得利益集团等各种阻力，依靠企业、非政府组织或民众都难以克服这种障碍。而政府，拥有广泛的权力和大量的资源，它在经济模式转变方面的推动能力是其他任何社会主体无法比拟的。同时，传统市场经济在基于“负外部性”问题下，不可避免地会出现“市场失灵”现象。市场失灵是市场本身不能解决的，那就必须要政府干预。为了弥补低碳城市发展中市场机制的缺陷，政府应该承担生态管理伦理责任。在市场机制基础上，通过政策创新及制度设计，优化产业结构，实现生产、流通和消费的低碳化。通过充分发挥政府职能和有效的政府管理，通过政府政策制度的供给和规划实施以及监督来推动低碳城市的发展，解决低碳经济发展中的“市场失灵”，几乎成为世界上所有国家政府行政改革的目标。

2. 强化政府的生态伦理和低碳管理是低碳城市发展的内在需要

首先，在面向后工业社会发展低碳经济的条件下，政府的“引导者”的角色更为突出，其战略地位也更为显著。低碳经济强大的技术成本、创新上的高投入，决定了政府还必须扮演好“提供者”的角色，向人们提供公共产品和相关服务。

其次，政府自身内部事务管理的过程本身就是一个碳排放的过程。所以说，政府既是生产者，也是最大的消费者。这就要求政府严于律己，

保障自身内部事务管理的“低碳”,并起到重要的示范作用。

3. 强化政府的生态伦理和低碳管理是实现城市可持续发展的需要

城市化和工业化面临着严峻的能源和资源短缺、环境污染等问题。发展低碳经济,治理经济发展中的环境破坏问题,最终实现可持续发展,不是仅靠市场和企业就可以做到的,它必须由国家引导,只有充分发挥政府职能、力促政府低碳管理,才能实现可持续发展。

三、政府在建设低碳城市中的生态伦理责任

在市场经济下,政府在建设低碳城市过程中必须承担生态伦理责任,生态管理是政府管理的重要内容,那么政府应该承担什么样的管理伦理责任呢?或者说政府在低碳经济发展中扮演一个什么样的角色,起到什么样的作用呢?具体主要体现在以下几个方面。

1. 牢固树立和认真践行政府的生态伦理观

(1)政府自觉履行生态伦理责任并贯穿和落实于政府的各项工作中去。政府要通过制定低碳经济发展战略,积极转变经济发展方式,把低碳发展作为建设资源节约型、环境友好型社会的重要内容。在低碳经济发展战略之下,政府都要制定明确的减排目标,并在政府绩效评估中用绿色 GDP 取代传统的 GDP 指标,真正实现可持续发展。同时政府的低碳管理引导全社会营造节约资源、减少碳排放的良好氛围。

(2)政府必须明确自身的职能定位,发挥社会公共资源的最大效能,防止公共支出的低效和无效使用,尤其避免出现利用公共资源发展高污染、高排放的高碳行业的短视行为,引导城市经济主体积极发展低碳产业。

(3)践行政府的生态行为,加强效能政府建设,控制政府行政成本,本着节约、循环、环保的原则有效利用办公物资,如在办公楼建筑上使用节能建筑材料,推广电子政务,减少纸张使用,规范“三公”消费,降低资源的过量使用和浪费。以“低碳政府”推动低碳城市。

2. 强化政府的生态服务职能

(1)要将政府引导与市场竞争相结合,充分发挥政府制定规则和弥补市场失灵的作用,有效利用市场的“无形之手”控制碳排放,充分调动企业、消费者等微观经济主体在低碳城市发展中的积极性。

(2)将碳减排纳入城市经济与社会发展规划的总体框架,在不牺牲经济发展的前提下,合理确定城市的人均碳预算与碳配额;协调好低碳发展与政府经济调节、市场监管、社会管理、公共服务职能的关系,强化生态服务性职能,为社会和公众提供优质、绿色、低碳的生态公共产品。

3. 发挥政府的政策导向功能

工业化进程中的低碳城市发展模式,产业结构升级、能耗降低等是当务之急,建立低碳发展的相关配套政策和激励政策,是政府政策导向的重心。低碳城市的先行国家如英国、日本等都是首先在政府发展战略、财税政策、能源政策方面进行积极转型,通过明确发展规划、完善法律法规、创新体制机制、推动科技创新等政策导向,综合运用碳预算、征税、补贴、基金、市场交易等政策工具,有效推动城市的低碳化发展。政府的政策引导有二:首先,要通过税收、财政等政策杠杆,扶持、激励低碳产业链的发展。在低碳产品的研发、投产、交易、消费等环节充分发挥政府的支持作用,通过预算投入、税收减免、政府采购、财政补贴等方式,鼓励相关的宣传、咨询、研发等机构及企业推广低碳技术,加快低碳技术成果向新产品和服务转化,特别是碳预算和碳排放市场交易应该成为常态化政策工具。通过征收环境税、能源税等税种,引导企业加快淘汰落后产能,打造资源消耗少、利用效率高的战略性新兴产业。其次,通过价格调控政策,引导社会消费的低碳化。通过提高公共资源的价格,增加高碳、浪费行为的能源使用成本,如阶梯式电价政策、用电差别定价政策,就体现了多耗能、多付费的定价原则,有利于引导绿色生活方式和消费模式的形成。

4. 强化政府生态管理的法律责任和行政管理责任

政府在低碳发展模式中拥有更多的规划权力和裁量权力,以此来强化政府生态管理的法律责任和行政责任。必须建立绿色的绩效考核指标体系,将生态保护、环境治理、低碳指标纳入其中,严控新上高碳项目,对没有履行职责、碳排放超标的地方单位领导进行问责,强化地方政府对于低碳环保政策的执行力和监管职能。

5. 强化政府生态管理的科学决策和民主决策

伦理决策要求决策者在决策过程中,应主动考虑上述的生态伦理道德理念,使其决策理念、决策程序、发展目标、治理权限等符合伦理要求,正确处理好决策主体与客体、社会弱势群体以及决策利益相关者的关系,建立并维系公平与正义、和谐与理性的社会经济秩序。通过伦理教化使他们接受和认可这些理念,提高他们的生态伦理水平,能将积极的责任伦理规范内化为个人的信念,将“他律”转化为“自律”,坚持正确的生态伦理观。因此需要加强生态伦理教化,提高公共政策制定者的生态伦理素质,以进一步强化政府的生态管理的伦理责任。严厉惩戒各种性质的违背公共利益的腐败行为,完善生态管理决策责任追究制度,建立生态环境决策的民主参与制。地方政府决策制定程序一旦缺乏民主性,忽视公众的意愿和需求,会影响政府的执行力。我国一些地方PX项目,由于政策制定过程中公众参与不足,政策出台后得不到当地多数民众的支持,执行过程中阻力重重,虽然耗费了大量行政资源,但执行效果并不理想。所以,地方政府生态管理的伦理规制,关系到人们对于行政伦理道德与责任的民众希望。政府不仅应坚持基本伦理原则,更应依赖于一整套政府生态管理伦理规制机制,并与其他机制相配套。

四、低碳城市建设中政府生态伦理责任的实现路径

政府的生态伦理责任,主要通过以下一系列促进低碳城市发展的政策制度安排和科学的决策管理等有效路径来实现的。建设低碳城市,政府要通过科学决策、政府规划、经济政策、产业引导、技术支持和政府的管理服务等方式进行间接的宏观指导、调控和管理,以达到鼓励和支持低碳经济发展的目的。

1. 经济政策

从目前来看,政府通过财政、税收的扶持和金融融资的经济政策支持,引导企业从事低碳生产与经营,是政府实现生态伦理责任的基本途径。如择机推出碳税、气候变化协议、排放贸易机制、碳信托基金等多项经济政策,并建立公开的碳交易市场,掌握市场中碳排放权的定价权,从而引导和鼓励低碳产业的快速发展。政府的引领作用主要是通过一系列促进低碳经济发展的政策制度安排来实现的。第一,设立低碳经济发展基金,对低碳技术的发展和低碳产品的开发、生产、销售,给予较大力度的支持。第二,发展低碳金融,对低碳产业的发展发放补贴性贷款,以降低其目前较高的成本,增强其市场竞争力。第三,积极改革传统的预

算制度，建立符合低碳经济发展需要的环境预算。第四，建立低碳经济发展试验区，不断探索新的发展路径。第五，设立碳交易所，促进地区与地区之间、企业与企业之间碳交易的发展，充分利用市场的力量推动低碳经济的发展。第六，提供低碳信息，推广低碳技术在生产领域的实际应用。

2．产业引导

政府的产业政策和产业引导是实现政府生态伦理，建设低碳城市的重要路径。政府通过产业政策体系可以加快调整高碳产业链条和产业结构，促进产业低碳化，以转变高能耗、高排放的经济发展方式，改变经济增长主要依靠钢铁、煤炭、电力、化工、水泥等物质资源消耗的高碳产业的局面，打造新的经济增长点。通过产业制度创新，逐步缩短能源、汽车、钢铁、交通、化工、建材等传统高碳产业所引申出来的产业链条；通过产业引导，改善能源结构，大力推动新能源（核电、水电以及风能、太阳能、生物质能）、新材料、生命科学、信息网络、生物医药、空间海洋开发和地质勘探等新兴产业的发展。政府通过产业引导还可以积极扶持低碳产业和绿色产品的发展，同时提高高耗能、高污染行业的市场准入标准，逐步淘汰落后产能和那些不符合低碳原则的行业，以有效降低单位 GDP 碳排放的强度，实现整个产业结构的低碳化。

3．规划指导

做好低碳发展的规划，将碳减排纳入城市经济与社会发展规划的总体框架，是实现政府生态伦理责任的又一途径。政府应加快组织编制低碳经济发展战略目标和总体规划，将提高资源利用效率，减少资源消耗量、污染产生量和碳排放量纳入经济社会发展的战略目标，用低碳伦理指导编制地方国民经济和社会发展规划、各类区域规划、城市总体规划及其他专项规划等，使低碳城市从规划阶段就全面纳入到社会经济发展的全过程中，实现低碳城市发展理念逐渐到微观的企业规划和社区层次全方位渗透。在规划决策的过程中，协调经济发展与资源环境的关系，从源头上控制资源与环境问题的产生。

4．技术支持

技术创新是低碳城市发展的技术路径。政府在这方面不是主体，但是作为政府的责任在于其对于低碳技术的有力度的支持。政府应该组织力量开展低碳技术研究，优先开发诸如可再生能源及新能源、煤的清洁高效利用、油气资源和煤层气的勘探开发、二氧化碳捕获与埋存等领域的低碳技术，提高自主创新能力；引进国外先进技术，搭建低碳经济发展的国际技术交流平台；完善创新机制，创造有利于低碳经济发展的科技环境，加快构建低碳发展的技术支撑体系。在化工、纺织、造纸、电力、煤炭、有色金属等八大重点产业中，加大新技术科研投入，推广先进节能技术和节能设备，实现节能瓶颈的突破。

5. 带头示范

政府要转变传统发展观念，树立低碳理念，打造"低碳政府"，在全社会起表率示范作用。在日常事务中，做到节水、节电、节能，始终做到率先垂范、厉行节约、反对浪费。在政府采购中，优先采购经过生态设计或通过环境标志认证的产品，优先采购经过清洁生产审计或通过低碳认证的企业产品，采购有低碳标志的办公用品，引导公众低碳消费。鼓励公务员包括党政领导干部骑自行车上下班；控制党政机关和事业单位的办公能耗，大力推进电子政务发展，逐步实现无纸化办公。

6. 宣传教育

推进低碳城市建设是一项系统工程，需要政府、企业和社会各界共同努力，而低碳伦理能否深入人心，能否被公众所普遍认同和接受，并逐步成为每个公民的自觉行为，对有效建设低碳城市至关重要。政府要通过形式多样的宣传教育活动，培养和提高民众的资源忧患意识、环境保护意识和低碳意识，树立低碳发展理念，引导低碳生活方式，倡导民众接受节能减排、低碳消费的新理念，加快形成低碳绿色的消费模式，努力营造全民广泛参与、共同建设低碳城市的良好氛围。政府应当通过提供信息、咨询和各种培训来改变人们的思维方式，提高民众的低碳意识，在全社会倡导低碳消费，培育低碳生活方式。要引导人们在不影响生活质量的同时努力降低日常生活中的碳排放量，从而有效节约能源以保护环境。通过政府的示范，把低碳伦理理念渗透到社会的每一个领域和每一个公民，形成良好的发展低碳经济的社会氛围和舆论环境。

上述政府在生态管理过程中应该承担的伦理责任，在现实生活中由于多方面的原因而较普遍地存在着政府生态伦理缺失，责任不到位的现象。因此，更加需要政府生态管理伦理的良好自觉来推动低碳城市的建设。

第二节 政府在宁波低碳城市建设中的实践路径

低碳城市就是使城市低碳化发展，这既是一种新的城市发展理念，也是一种新的城市发展战略，更是新的城市发展模式。低碳城市可以通过转变生产和生活方式，转变消费观念及模式，在保证生态效益、经济效益和社会效益的前提下，最大限度减少城市的温室气体排放，实现城市的可持续发展。低碳城市发展是一个长期的系统工程，并没有固定的模式，从政府的生态伦理角度出发，根据宁波城市自身的发展阶段、区域特点、产业结构等制定与之相适应的宁波低碳城市发展的具体路径。那就必须重视城市规划、产业结构调整、能源结构调整和规划环评等领域，大力发展低碳建筑、低碳交通和低碳技术，加强建筑节能、交通节能、生产节能，提高能源效率。同时，积极建设低碳城市示范区，建立碳交易市场。政府完善的低碳管理体系在推进低碳城市建设中起着重要的主导作用。强化低碳管理，完善低碳管理体系是政府建设低碳城市的重要手段和根本保障。合理借鉴国外的低碳管理经验，结合我国其他地方的低碳管理实际情况，构建完善的政府低碳管理制度与体系，是宁波建设低碳城市的现实课题。

一、将"低碳"理念全面纳入未来城市发展规划，科学构建现代低碳城市

1. 规划低碳城市形态和功能

按照低碳生态城市理念的要求，修订完善现行城市规划指标体系。制定低碳城市规划指标体系和指导性标准及技术规范，规划和引导低碳城市发展。碳减排与城市形态结构存在密切关系。应大力提倡紧凑城市的空间发展模式，按照宁波"一核两翼多节点"的要求，完善城市规划体系，推进城市空间布局，促进中心城、卫星城和中心镇的集约和协调发展，形成各具特色的都市功能区块，就近承接人口和产业转移，现代都市各组团和功能区块之间，以区域公共交通走廊连接，形成绿色交通。加强城市综合配套建设，合理规划生活性服务业和城市生态系统。开发新

城区尽量不影响基本地形构造，不影响碳汇森林容积量，不影响城市的文化环境，最大限度减少能源消耗和碳排放。

2. 制定宁波中长期低碳经济发展规划和低碳城市发展路线图

制定宁波低碳城市发展战略规划，提出城市低碳发展的思路、目标、步骤和政策措施等，并将其纳入到城市战略发展规划中，根据自身实际情况合理地规划各项社会经济活动，调整城市功能、规模和布局，使城市经济发展与碳减排相适应，既保证了城市经济的持续发展，又能减少碳排放、减少污染、节约资源能源，为宁波的低碳化发展提供指导性和建设性的意见。

(1)结合宁波市“十二五”规划的编制，尽早制定宁波中长期低碳经济发展规划和低碳城市发展路线图，确立今后各发展阶段推进低碳发展的目标、途径和工作重点，明确一系列重点支持的优先领域和重大项目，为低碳发展提供战略导向。

(2)编制宁波低碳产业、低碳能源、低碳建筑和低碳交通等的专项规划，形成“1＋X”的宁波低碳城市建设规划体系。

(3)明确城市产业布局规划的用地类型要求，限制高耗能、高碳排放产业发展。进一步明确城市产业用地布局规划中各种工业类型用地面积和用地布局要求，严格限制高耗能高排放产业用地，鼓励清洁生产和循环经济工业企业的布局和发展。

3. 加强城市规划环境评价管理

加强城市规划环境影响的评价工作，建立覆盖整个城市的温室气体排放监测预警系统，有效掌握温室气体排放的一手数据。完善城市规划环评的技术指标、技术规范和工作程序，把城市规划环境评价纳入城市规划管理的政策体系。

4. 强化对综合交通系统建设的规划管理

坚持集约化建设理念，认真借鉴发达国家实行集约化建设的成功范例，配合高效城市交通运作系统，弥补城市生存空间资源的不足。把体现城市节能、高效运营要求的交通规划技术、交通运营方式及配套设施规划策略纳入城市规划管理的技术框架，强化促进城市节能、节地、高效运营的规划技术在规划管理决策中的职能作用。

二、发展低碳产业，促进经济转型

发展低碳产业是转变传统的生产方式，减少城市碳排放的有效途径。发展低碳产业不是对传统产业的简单否定，而是对传统产业进行低碳化改造，同时发展一批新兴的、技术含量高的低碳新产业。目前，宁波市的经济结构和产业结构具有明显的高碳特征，重化工业结构特征十分明显，其中电力、石化、钢铁、造纸等行业都是高耗能、高碳排放的产业。转变目前经济发展方式，按照建设低碳城市的要求，优化产业结构，发展战略性新型产业对于宁波来说特别的重要。因此，政府要发挥产业结构调整对于降低碳排放的重要作用，为对城市原有经济结构进行低碳化调整和低碳产业的发展提供良好的政策发展环境，并对以新能源为代表的新兴战略性产业发展提供配套政策支持。

1. 大力发展高新技术产业，推动城市经济结构低碳化升级

加快高新技术产业向产业链的高端延伸，重点发展通信、数字视听、软件、新型储能材料等具有高效益、低碳特征的电子信息产业；加快发展精细化工、生物医药、化合物半导体等战略创新产业；围绕电子信息、生物医药等重点优势领域，加快实施一批高新技术产业化重大项目，并大力发展以光伏产业为主的新能源、以碳纤维为主的新材料和以LED为主的新光源。同时，宁波应抓住浙江省作为发展海洋经济试点地区的契机，积极培育海洋经济产业带，发展海洋经济，培育低碳海洋产业。积极发展城市电子商务，提倡虚拟化的货币交易，减少流通环节的物质消耗和碳排放。培育发展战略性新兴产业。着力培育一批新兴产业集群，将宁波打造成全国新材料、新装备和节能环保等产业的重要制造基地和创新中心。大力培育发展环保节能技术市场，发布节能、节水、减排新技术新产品推荐计划，促进节能科技成果的转化和产业化。逐步引导企业将劳动密集的加工环节向外转移，总部、研发中心、采购中心及财务中心留在城市辖区，实现城市发展的低碳化。

2. 加快发展现代高端服务业

以产业低碳化为目标，结合现代产业体系建设，优先和加快发展金融、传媒、研发、咨询、会展、中介、旅游酒店、教育医疗、法律、物流、服务外包、创意设计等具有科技含量高、人力资本投入高、附加值高、产业带

动力强的现代服务业，积极发展都市人文休闲产业和总部经济，使第三产业在地区生产总值中的比重持续较快提升。

积极探索发展城市高端服务业的有效途径，利用生态化技术体系改造和提升传统服务业，使其向高端化发展，积极借鉴国外高端服务业的管理理念、技术方式。培育一批与城市原有产业有效融合的高端服务业。进一步优化城市环境，包括生态环境的优化与经济发展环境的优化，促进城市高端服务业的发展。

通过完善交通、通信、网络等城市基础设施，提升城市化发展水平，建设宜商、宜居城市，促进资金流、信息流、物流向城市的集聚，从宜商、宜居两个方面促进城市高端服务业的发展。

打造"三位一体"港航物流服务体系，加快发展总部经济、电子商务、服务外包等新兴服务业态，全面提升"安民、乐民、健民"的生活服务功能，努力构建结构合理、特色鲜明、支撑有力、竞争力强的现代服务业体系。

3. 推动临港工业的基地化、集聚化和循环化、高端化

加快优势传统产业和临港工业的适当集中，向基地化集聚和高端化发展，以提升集聚效应和经济效益，实现低碳排放。以现有的宁波经济技术开发区、宁波石化经济技术开发区等临港工业集聚区为重点完善基础设施建设服务平台，打造国内一流、国际先进的碳减排效应明显的临港制造业基地。

推动临港工业向循环化发展，以提高余能利用和能效水平，实现碳减排。围绕石化、钢铁、造纸等重点产业，完善临港工业循环产业链，加大能源的系统优化和设备的改造力度以挖掘余能利用潜力。

推动临港工业向高端化发展，降低碳排放强度。依托现有临港产业集聚区，积极推动石化、钢铁、造船、汽车等临港工业的整合提升，不断延伸临港工业产业链和提高产品附加值。坚决淘汰高碳排放、高污染、高消耗的低端产业，进一步提高产业投资项目的碳排放、节能、环保等准入门槛，新上项目必须进行资源能源消耗审核和环境影响评价，不符合碳排放、节能和环保标准的，坚决不批。努力打造市场前景好、产出效益高、排放能达标的临港先进制造业集群。

4. 发展现代文化创意产业，打造宁波多个文化创意产业园

与传统产业的高能耗、高污染和要素密集不同，文化创意产业以创

新思想、现代科技和知识智力密集型为核心，宁波拥有良好的历史文化人文资源和创作环境以及充裕的社会资本，这是发展宁波文化产业的有利条件。像建设和丰创意产业一样，建设宁波特色的文化动漫游戏产业、影视制作、文化广场、广告传媒产业园区。

三、优化能源结构，构建低碳能源体系

长期以来宁波的能源结构上，煤炭能源比重大，清洁能源比重低，对于化石能源的使用和依赖，造成大量的二氧化碳、二氧化硫和氮氧化物的排放。宁波要建设低碳城市，减少碳排放，就必须优化能源结构，积极发展可再生能源和清洁能源并加强资源能源利用。因为不同的能源消费产生不同的二氧化碳排放量。消耗等同单位热量的能源所排放的二氧化碳，煤炭比石油及制品高10％～30％，比天然气高60％～70％。根据估算，宁波市的煤炭消费比重下降1个百分点，同时油品、天然气或非化石能源在能源消费中比重上升1个百分点，二氧化碳排放强度分别为0.138％、0.145％或1.11％。到2015年，如果油品、天然气和非化石能源的消费比重分别上升6、4、1个百分点，二氧化碳排放强度可降低5％以上。因此，发展低碳经济的核心是能源技术的创新，其实质是能源的合理利用和清洁能源的开发。宁波必须形成煤炭、油气、低碳能源各占三分之一的能源结构，实现能源供应的多元化、清洁化和低碳化。

1. 加强对煤炭消费的控制

加强对燃煤电厂规模和小型燃煤锅炉的控制，限制煤炭消费的过快增长。同时大力发展先进燃煤发电技术，提高煤炭转化效率。努力提高煤炭能源的综合开发利用水平，加快煤炭能源结构的升级与优化，大力推广洁净煤技术，限制高灰分和高硫分煤炭的生产，发展煤化工和煤气化技术，减少煤炭能源消耗所产生的二氧化碳排放。

2. 增加天然气对煤炭和石油的替代

推广应用低碳能源，加快发展天然气和可再生能源建设，进一步扩大天然气使用范围。加快天然气等具有低碳排特征的能源开发和利用力度，努力提高天然气在城市能源消耗中的比例，力争在天然气发电、天然气化工、天然气工业燃料利用方面取得积极进展。加快进口LNG工程建设，扩大东海天然气的利用。

积极推进中心城区的锅炉“煤改气”和“油改气”工作，鼓励在城区发展分布式能源系统，推进公共交通的天然气化。争取在宁波基本建成无燃煤区。

3. 重点开发风能、太阳能、水能、地热能、生物质能以及海洋能等可再生能源

宁波市有较好的风能资源，并在太阳能、地热能和生物质能的利用上积累了经验，重点发展海上风电场，实施太阳能屋顶计划，积极扶持沼气利用和严格控制沼气空排，推广地源、水源和空气源热泵，积极引导可再生能源的开发利用。积极推进生物质能源的发展，以生物质发电、沼气、生物燃料为重点，大力推进生物质能源的开发和利用。

4. 积极推广城市内太阳能的使用范围

采取宏观调控和市场引导相结合的方式，制定相关的制度，规定城市新建建筑设计要优先考虑安装太阳能热水器。制定相关优惠政策支持企业开发适合于建筑、采暖、制冷以及其他工业应用要求的太阳能新技术和新产品。城市路灯、电话亭、广告牌等公共设施采用太阳能光电照明。

四、发展绿色建筑，推进城市建筑低碳化

目前我国的建筑能耗占社会总能耗25%，建筑施工和维持建筑物运行是城市能源消耗大户，大力发展低碳建筑大有可为。

1. 建立形成并严格实施低碳建筑标准

建立和形成宁波的低碳建筑评价体系，指导城乡建筑的新建和改建。将更多的建筑纳入我市的建筑能耗监测平台；制定形成宁波建筑节能标准，确定耗能设备的最低能效等级门槛；特别是新项目立项、审批和建设过程都必须遵照相关标准。提高建筑用能效率，推进既有建筑的节能改造。

2. 推行节能型材料，发展绿色建筑

大力发展以绿色建筑为代表的具有节能、低碳排放等特征的建筑。加快推进建筑节能，做好建筑节能专项示范工程以及实现可再生能源利用技术与建筑的有机融合。大力发展与绿色建筑相关的设计技术、节能技术与设备、施工技术等一批具有低碳排放特征的重点技术，加快发展

节能、环保、低碳的建筑材料。进一步推广节材型建筑，积极推进新型建筑体系，积极配合国家相关的政策，大力发展新型墙体材料。广泛应用高性能、低材耗、可再生循环利用的建筑材料和高强钢、高性能混凝土，积极开展建筑垃圾与废品的回收和利用等。推广可再生能源建筑应用。

3. 推广低碳建筑，建设低碳排放的人居环境

以节能建筑理念为基础，科学设计节能、低碳的建筑，善用自然光线及通风设计，减少建筑物内照明及空调耗电，使用耐久、可再生、可拆除组装建材及低耗能建材，减少建筑废弃物，以建构节能、减废、健康的建筑物，达到节地、节能、节水及节材目标。

4. 加强低碳建筑的设计和技术开发

倡导建筑的全生命周期低碳化设计，综合考虑通风、雨水回收、给排水、交通、能源等各个系统，与城市空间布局相衔接；利用财税政策鼓励开发商投资和消费者购买节能低碳建筑。广泛应用低碳建筑技术，如采用外遮阳、自然采光、自然通风、建筑绿化等低碳建筑设计技术。

五、发展低碳交通

1. 科学规划，建设高效节能的交通运输系统

宁波必须从港口城市的特点出发，科学规划，推进交通运输的低碳化。有效整合水道、公路、铁路和航空等运输通道，建设多式联运枢纽，提高物流运作效率，推动集疏运体系的合理化和高效化。推进宁波低碳交通运输体系建设试点，配合低碳城市规划，加强以道路交通为主体的城市公共交通系统建设，促进交通运输系统的节能化、环保化、低碳化改造，规划建设综合枢纽场站，实现客运“零”换乘和货运无缝衔接。加快城市交通的信息化建设，建立智能化的交通管理与引导系统，保证城市交通的通畅运行。加强智慧交通建设和管理。

2. 大力推广低碳公交，根本落实“公交优先”战策

加紧建设和不断优化公交体系，提高公共交通的舒适度，进一步确立公交优先地位。全面建设方便快捷、覆盖城乡的公交系统网，提高居民公共交通出行比率。加大公交投入力度，加快城市公交和轨道交通建设，构筑以城市轨道交通为骨干、多种交通方式协调发展的城市交通体系。加快轨道交通、快速公交等大容量快速公共交通建设步伐。建设公

交专用道，推行交通导向开发模式，完善公交主干网络，提高公交分担率。公交企业也应大力提高公交运营的服务水平，共同引导城市交通良性发展。

3. 建设中心城区慢行交通系统

以宁波“三江六岸”品质提升为契机，建成三江口一小时步行圈。在宁波重要商业区设置步行街。完善城市自行车道路管理，优化自行车出行环境，规划并建设自行车租赁点，设置更多自行车专用道，构建连续通达的步行、自行车交通网络。建设公共自行车交通系统，是打造“绿色宁波”“生态宁波”“低碳宁波”的必然选择。机动车尾气已成为宁波大气污染的主要污染源，自行车作为一种绿色交通方式，不仅能节约能源，还能减少大气污染，改善城市大气质量，解决末端交通问题。宁波老城区自行车出行应是很好的选择之一。先期可由政府财政投资，成立自行车服务公司，在老城区范围内设立自行车租赁网点，日后可以慢慢向新城范围蔓延。逐步建立公用自行车租用服务网络。另外，还可以通过对各自行车租赁网点的广告以及自行车车身的广告投放进行招标，创造一定收入，减少政府开支。

4. 调控私人汽车合理增长

研究控制私家车的办法，提高私家车在城市繁忙路段的用车停车成本。防止过快增长对城市交通造成压力。私家车小汽车出行的碳排放要数十倍于轨道交通和地面公交，上百倍于慢行系统，因此，实施城市交通低碳化的关键是降低小汽车在城市交通中的出行比重。为此，除了从理念上准确引导，还应研究控制私家车过快增长的办法和措施。例如，借鉴国外经验，在市中心减少和缩小机动车道，增加步行道和自行车道，不特意为机动车停车提供方便等，就能引导市民少购和缓购私家车，在客观上起到压制私家车过快增长的效果。

5. 加快应用绿色环保车辆

加强实施营运车辆燃料消耗量准入制度，严格车辆市场准入退出制度，加快淘汰高耗能的老旧汽车，鼓励和推广使用混合燃料汽车、电动汽车等节能环保型车辆，并提供相关税费优惠和配套服务设施，鼓励以旧换新。从市区拓展到各县(市)城镇，打造绿色车辆全覆盖城市。积极推广应用国家发改委公布的“车辆生产企业及目录”中的新能源汽车。加快提高车辆节能水平，积极推广交通节能新产品、新技术。探索城市公交电动化和供电绿色化。加大交通系统“油改气”工作力度。

6. 加快发展低碳物流

培育现代物流企业，完善物流信息平台，创新物流业务模式，推动“双重运输”。积极推进海铁联运、江海联运，合理布局信息中心、配送中心、仓储中心，打造高效的城乡配送体系。

六、发展低碳技术

技术创新是发展低碳经济，实现节能减排的关键因素之一。要发展与低碳城市密切相关的重点领域和关键技术，进行低碳化的知识和技术创新，从宁波城市发展的具体情况出发，确立符合宁波城市低碳化转向的技术发展路线。选择一批与低碳城市建设有关的资源循环回收利用、环境保护、清洁生产和低碳产业开发等领域，加强低碳产业、环保产业和生态环境恢复等重要领域的研究。依托以信息技术为代表的生态化科学技术体系，为生产、生活中资源的综合利用、降低资源消耗、减少城市碳排放提供强有力的技术支撑。

(1)重视低碳技术研究开发，发展生态化技术体系，建立以低碳技术为核心的生态化技术体系。

(2)重点研究开发以资源综合利用、清洁生产为特征的自动化技术以及与生态文明消费相关的生物技术等关键技术。

(3)引进和推广适合城市低碳化发展的科技成果，加强低碳技术在国内和国际的交流与合作，吸收有利于低碳城市发展的先进技术和先进经验，增强生态环境优势转化为经济社会发展优势的科技含量。

(4)加快与低碳相关的科研成果的推广和转化，拓宽转化渠道，对资源循环利用和清洁生产技术等有利城市低碳化发展的技术应该重点推广，逐步形成具有一定规模和产品特点的环保产业基地。

(5)设立专项基金，创造有利于城市低碳发展的科研环境，构建有利于低碳化发展的信息服务系统，促进企业之间的产业链接、资源整合、再生资源的相互转移开发等。

低碳技术是建设低碳城市的基础。积极研究开发并推广应用碳捕获和碳封存技术、能源利用技术、减量化技术、新材料技术、生态恢复技术、替代技术、再利用技术、资源化技术、生物技术、绿色消费技术、加快对燃煤高效发电技术、脱碳与去碳等技术研发，力争在关键技术和关键工艺上有重大突破，形成技术储备，为低碳转型和增长方式转变提供强有力的支撑。有效发挥先进技术在节能中的特殊作用，促进清洁生产和清洁循环利用，提高能源附加值和使用效率，保障能源供应安全和控制温室气体排放。鼓励推广包括风能、太阳能和生物能源技术在内的“低碳能源”技术，广泛应用于清洁燃料交通工具、节能型建筑、环保型农业等领域。

七、推进节能减排，加强低碳环境管理

1. 推行清洁生产

采取有效的方式来约束生产者推行清洁生产，到2012年宁波已经累计通过了自愿性清洁生产审核企业946家，强制性清洁生产审核企业212家。今后要继续在石化、冶金、电力、造纸、纺织、印染等重点行业开展清洁生产审核工作。抓紧研究和制定清洁生产评价指标体系和行业标准，保证清洁生产在生产领域的广泛运用；制定经济激励措施，对有效节约资源能源的企业给予一定的财政补贴，提高企业节约利用资源的积极性；制定行业准入制度，坚决淘汰资源利用率低、污染严重以及危害人们健康的企业。建立高能耗产业退出机制，严格控制高能耗项目。通过产业政策加强对钢铁产业、石化产业、建材产业、造纸产业、印染产业等高碳产业的行业监管，提高高碳产业的准入门槛，把制定高碳产业的节能减排目标和任务作为今后一段时期产业政策调整的重点。

2. 继续深入开展行业节能

全面开展能源审计，推进合同能源管理，提高能源利用效率。加强生产管理，推进技术进步和综合利用，挖掘行业能源利用效率潜力。加强运行管理，合理安排好能源利用方式，发挥各类技术设备的优势，取其所长。加强油气、油烟污染治理。继续推进环境污染整治行动，着力抓好重点流域水污染整治，加强产业带污染综合防治，综合整治城市内河河道、大气和噪声污染。

加强对重点用能单位和耗能项目的监督管理和执法监管力度，充分利用能源审计和清洁生产审核手段，抓好重点用能行业的节能降耗工作

如汽车、钢铁、石化、电力、造纸、纺织等重点耗能行业的节能降耗，用高新技术、清洁生产技术改造和提升传统生产工艺，提高现有生产能力的能源利用水平，坚决淘汰高耗能产业。

积极推广应用能源生产、转化和输送等领域的节能技术，加快智能电网建设，提高电力的输送能力、城乡配电适应能力和可再生能源接受能力，降低输变配电损耗。

3. 加快城市静脉产业的发展，建设宁波城市静脉产业园

静脉产业又可称为再生资源产业，主要是指对社会生产过程和生活消费中产生的各种废弃物进行回收和再加工利用的产业。回收利用本身可以创造经济价值，而且可以减少污染，增加就业，促进资源循环回收利用技术的发展。在环保领域，发展资源回收再利用与废弃物处理、环保设备制造等环保产业。

城市生活垃圾综合利用示范工程。建立城市生活垃圾分类回收和资源化综合利用体系，推进中心城区生活垃圾分类试点，对现有中心城区转运站进行功能改造，建设垃圾分类处理设施，推进生活垃圾的资源化综合利用。

实施垃圾填埋气收集利用工程。降低垃圾填埋甲烷气的散逸，进一步提高城市生活垃圾无害化处理和资源化利用。

建设静脉产业园。围绕废旧汽车、废旧金属、废旧塑料等的加工回收，在园区内培育一批符合国家产业政策、使用最新技术、具有一定规模的重点静脉产业企业，构建完善再生资源回收利用网络体系。

八、开发碳汇潜力，提高生态碳汇水平

碳汇是指自然界中碳的寄存体，如林木生长吸收并储存二氧化碳，就是自然界碳循环中保持大气中二氧化碳平衡的主要渠道。据有关数据显示，1 立方米的森林储量每年可吸收二氧化碳 1183 吨，释放氧气 1162 吨。生物固碳是当前最为可行和有效的方式，宁波应该主要通过森林固碳、农地固碳、草地固碳和湿地固碳等生物固碳方式增加碳汇能力，增加碳汇总量，积极开拓外部碳汇市场，储备碳汇资源。

1. 加强生态建设，建设“森林宁波”

增加森林碳汇，吸收更多的二氧化碳，减少大气中二氧化碳的含量。

主要通过发展林业碳汇，通过建设城市森林来增加二氧化碳的吸收能力。森林作为陆地上最大的储碳库和最经济的吸碳器，是维持大气中碳平衡的场所，发展城市林业对增强城市应对气候变化的能力具有重要的意义。它可以增强城市的固碳能力，增加森林碳汇。宁波的森林资源丰富，土地总面积 91.52 万公顷，林地面积 45.93 万公顷，森林面积 43.25 万公顷，森林覆盖率达到 50%以上，林木绿化率 75.0%。全市活立木总蓄积 1090 万立方米，其中森林蓄积 1058 万立方米，占 97.09%。有研究表明，每公顷森林每天可吸收 1000 千克二氧化碳，并释放 735 千克氧气，可见森林对于净化环境质量，加强碳吸收具有重要作用。

(1)继续大力推进生态林、防护林、经济林建设，加强现有城市森林的管理。加强城市绿化隔离带，绿色通道、水源涵养林、农田林网和海岸、河流防护林等城市防护林的管理与建设。要进一步加强城市辖区和城市周边地区的天然林及原生植被的保护，多渠道、多形式支持水源地和重要生态功能区的生态保护和建设。通过造林和再造林，恢复退化的生态系统，建立农林复合系统，提高林地生产力，延长轮伐时间，增强森林碳汇。封山育林，禁伐限伐，加强保育，使天然林的生态功能得到充分发挥。从城市安全的角度出发，全面规划城市林业，尽可能扩大城市绿地和林地，增加城市碳吸附能力。制定和完善各级政府造林绿化目标管理责任制和部门绿化责任制，继续推进全面义务植树，城市绿化和绿色通道建设。通过改进采伐作业措施，提高木材利用效率；通过更有效的森林灾害（林火、病虫害）控制，保护森林碳贮存。通过耐用木质产品替代能源密集型材料、进行木材产品的深加工、循环使用，实现碳替代。通过相关产业政策的调整，推动植树造林工作，加快森林资源培育，扩大城市森林面积，增加城市森林数量和城市森林覆盖率。尽量选取固碳能力强的树种进行培育，增强城市森林生态系统的固碳能力。

(2)探索森林生态效益补偿的市场化途径和生态环境损害经济赔偿制度。目前我市的生态公益林补偿还偏低，可以考虑推行资源有偿使用，加大对森林生态效益的补偿，建立风景区生态补偿基金专项，对公益林实行完全补偿。积极探索建立森林“碳汇”基金，提高生态公益林补偿标准。碳排放企业根据二氧化碳和气体排放情况交纳一定的资金作为“碳汇”基金。森林生态效益补偿基金和“碳汇”基金实行专户管理，重点用于植树造林，生态公益林的保护、建设以及对生态公益林所有者的补偿等。同时，按照有利于国家、集体和林农，有利于严格保护，有利于责、权、利统一等原则，探索、改革完善生态公益林的管护机制，切实管护好生态公益林。

建立健全生态环境损害经济赔偿制度，建立健全生态补偿机制与生态功能保护和环境质量改善挂钩的考核制度，根据生态环境质量综合考评状况，实施经济奖励或惩罚。

2. 加强对生态湿地的保护

推动湿地保护和合理利用示范工程建设。以杭州湾、三门湾等生态湿地建设为样板，细化我市滨海、滨湾、滨湖、临河、临溪等自然湿地保护区域，加强湿地区域管制和合理利用，更好发挥湿地的生态价值。

九、构建和创新低碳发展体制机制

1. 完善政策法规

低碳城市是一种新的城市发展形态，需要法律法规的保障。目前，我国已经制定了一些有利于低碳城市发展的法律法规，如颁布了清洁生产促进法和环境影响评价法等，为城市实现碳减排与保护城市环境提供了必要的保障。但是仅仅有这些法律是不够的，必须结合宁波城市发展的实际情况，对宁波现有的与低碳发展相关法律法规逐一梳理，尽快出台有利于低碳城市建设的地方性法规。发挥宁波可以制定地方性法规的有利条件，对照国家层面现有的法律法规，制定出符合实际、具有操作性的配套实施细则，以立法的形式确定低碳城市发展地位和有效性，建立健全促进低碳城市发展的法律、法规体系。立法重点是产业发展、土地利用、市场建设、消费引导、准入标准和技术支持，逐步将低碳发展纳入法制化轨道。逐步建立起健全节水、清洁生产审核、废旧物资处置、可再生能源利用等有利于低碳城市发展的系列政策法规，增强可操作性。

2. 加强执法力度

加大执法力度，加强执法能力建设。严厉打击高碳排放行为，同时建立行之有效的规章制度来配合法律的实施，鼓励和引导从事提供低碳建设法律咨询的律师事务所等法律咨询机构的发展，建立一支高素质的律师队伍为低碳城市建设服务。

3. 强化绿色低碳发展的资金保障

加大财政投入，建立绿色产业投资基金、中国碳汇基金宁波专项。探索建立宁波环境交易所、林权交易所等要素市场，鼓励金融机构引入环境评价要素，开展绿色金融活动，实施绿色信贷、绿色保险、绿色证券政策，加大对新能源及节能环保产业的重点授信支持。

4. 成立宁波市低碳城市建设工作领导小组

为统筹全市低碳城市发展，成立宁波市低碳城市建设工作领导小组，各县(市)、区成立相应组织机构，牵头负责和协调低碳城市建设的相关工作，包括研究全市低碳经济发展战略和规划，节能减排、生态市建设、循环经济建设，低碳技术开发推广、对外合作、技术引进等重大政策，组织协调解决低碳城市发展中的矛盾和困难等。同时，抓紧出台扶持激励政策。建议有关部门就发展低碳经济政策、技术、应用等问题作出专题研究，并从税收、信贷、土地、产业等方面，对促进低碳经济发展提出具体支持意见，特别是对新能源和高效节能技术研发及成果转化给予激励政策。

5. 深化绿色低碳发展的区域协作

要进一步加强与周边地区的区域环境整体治理合作，构筑互动共赢的长效运行机制。推动建立浙东、长三角地区大气污染联防联控机制，完善区域大气环境管理的法规、标准和政策体系。

6. 引导社会自治，构筑多元治理结构。

倡导包括政府在内的多元主体合作治理生态环境是时代发展的必然趋势。进一步引导公众对生态环境的政治参与的热情，完善社会生态环境自治机制，推动社会不断走向生态环境自治。及时公开生态环境信息，主动提升公民对生态环境决策的政治参与意识，积极拓展公民决策参与渠道。充分发挥非政府组织(NGO)在生态环境保护中的价值引导和组织动员作用。通过努力，逐渐形成政府引导并主导、社会组织和公民个人共同参与生态环境保护的多元治理结构，共同建设宁波向低碳城市和低碳社会转型。

十、构建政府低碳政策体系

政府在发展低碳城市中选择正确科学的政策十分重要，它是基于政府对于环境伦理的正确认知以后的政府行为，包括政策体系和监管体制。宁波还处于低碳城市建设初期，必须依靠政府的管理和政策的引导。

1. 构建低碳经济政策体系

包括低碳能源政策即能源技术、能源节约、能源的可再生利用政策等；低碳技术政策，即减排、碳封存技术政策、相关技术的转让和推广政策及低碳技术的相应标准等；低碳产业政策，即限制高碳产品的进口和生产、积极生产低碳产品及发展低碳产业等政策；淘汰落后产能，调整产业结构和鼓励减排、清洁能源等技术的开发作为政策的重点；鼓励相关的低碳环保产业新技术、新能源的创新研发及推广。完善低碳消费政策与制度体系，即绿色采购、物流包装等政策，以及出台保障生活方式低碳化转向的具体措施，如根据城市具体情况制定节约用水、节约用电、节约用气等具体的行为规范，针对低碳消费品供给不足的问题，制定低碳消费品工业发展战略规划等。

2. 构建政府、企业与市场“三位一体”的监管体制

政府应加强能源消耗标准的制定，如太阳能热水器的安装等的新能源标准；建筑节能标准；重点耗能产品的电耗或能耗限额。对于低碳产品应该加强市场监管力度，设置市场的进入壁垒，对于那些高能耗产品应限制其进入市场，予以强制淘汰；致力于打造合理低碳的产品供应结构；加强对节水产品绿色照明产品、建筑节能产品的抽查监督力度，建立完善的耗能相关产品和能源的质量监督制度。

3. 建立区域碳交易市场体系，探索碳指标交易制度

2013年开始，宁波已经开展了企业的排碳权的有偿使用和交易，尝试探索碳指标交易制度，用政策、经济等手段合理控制碳排放速度，这是政府运用市场机制促进碳减排的有效举措。碳交易是温室气体排放权交易体系的简称。碳交易的运行机制目前有两种形式：一种是基于配额的交易，另一种是基于项目的交易，即通过项目的合作，买方向卖方提供资金或技术支持，获得温室气体减排额度。

建立城市碳交易市场是实现市场机制有效配置环境资源，降低碳排放的重要途径。当前宁波实施有偿使用和交易的碳排放物包括化学需氧量、氨氮、二氧化硫、氮氧化物。今后要实施新增碳排放物的交易，在

全市范围内的建设项目和碳排放单位需要新增碳排指标的其排放权都必须通过交易有偿取得；分期分批核定现有碳排企业的初始排碳权，并发放碳排许可证并逐步对现有碳排企业的初始排碳权实行有偿使用。推进企业间碳排指标的交易，形成规范的多功能的碳排放交易市场，尽快开展碳交易，打造区域碳交易市场体系。

4. 把宁波国家高新区打造成宁波低碳城市示范园区和国家级低碳经济试验区

建立绿色清洁能源和低碳技术应用示范体系。依托区域内太阳能、风电、绿色照明、节能环保等产业优势，对区域内建筑、交通、设备等进行节能降耗减排改造，加大绿色清洁能源和低碳技术应用，打造低碳示范园区。

打造节能减排关键技术合作平台。发展技术评估平台，对重点用能单位的技术应用现状和能源利用效率水平进行评估，预测节能潜力，识别关键技术需求。成立技术转让推广中心，加强与国内外先进技术持有单位的合作交流，促进技术推广和转化。

成立节能减排基金与碳基金。用于低碳技术开发，促进企业和公共部门实施投资效益高的减排措施，提高能源利用效率。

探索建立环境能源综合交易平台。在园区内企业之间及企业与政府之间建立一种市场机制，通过环境能源综合交易系统买卖节能指标和碳减排量，降低节能减排成本。

5. 制订低碳行动计划和低碳示范活动

政府要制订针对不同主体的切实可行的低碳行动计划，包括政府、单位和家庭的各个低碳行动计划。首先要打造低碳政府。政府机构优先采购具有节能、环保、低碳排放等特征的产品，严格机关公务用车管理，减少不必要的公务用车，尽量减少车辆的使用次数，推广高效节能的办公电器，降低待机能耗，大力推广应用节能型灯具，政府机关应率先更换节能灯，引导民用和商业节能。政府公务用车普遍采用新能源汽车，践行绿色交通的低碳发展理念，新建政府大楼和其他公共建筑必须符合节能建筑的标准，以低碳政府来引导全社会的低碳行动。在大型商业场所推广使用节能设施，推行节能标签制度，制定城市节能制度，合理控制室内空调温度，公共建筑夏季室内空调温度设置不得低于 26℃，推广高效节能电冰箱、空调器、电视机、洗衣机、电脑等家用及办公电器，降低待机能耗，实施能效标准和标识。积极组织各种低碳示范活动，包括低碳产业示范、低碳交通示范、低碳建筑示范、低碳产业园区示范、低碳社区示范、低碳学校示范、低碳家庭示范。

6. 加快城市低碳社区的建设

社区是组成城市的基本单元，建设低碳城市须从建立低碳社区做起。先拟订低碳社区碳减排措施，成立低碳社区推广组织，提供节能减碳咨询服务，制定低碳社区指标与标识。

建设低碳社区具体减碳措施包括：

(1)引导社区居民使用再生能源，出台相关政策措施，扶持太阳能光电、太阳能热水器、中小型风力机、生物能等低碳能源是社区的使用。

(2)提倡居民节约使用能源，社区内尽量使用低耗电、高能源效率的照明灯具、家电、空调。

(3)实现资源循环，开展废弃物源头减量，废弃资源回收、再利用，使用节水省水设备，鼓励居民生活二次用水，作为冲洗厕所、洗车、花木浇灌再利用。

(4)推广低碳建筑，以节能建筑理念为基础，科学设计节能低碳的建筑，善用自然光线及通风设计，减少建筑物内照明及空调耗电，使用耐久、可再生、可拆除组装建材及低耗能建材，减少建筑废弃物，以建构节能、减废、健康的建筑物，达到节地、节能、节水及节材目标。推广使用绿色照明。

十一、树立政府低碳伦理观，健全考核体系，强化责任监管

1. 建立城市低碳制度体系，构建有利于低碳排放的决策管理和监督制度机制

低碳城市是一种新的城市发展形态，需要法律法规的保障，才能保证低碳城市的顺利发展，为城市实现碳减排与保护城市环境提供必要保障。政府要把低碳发展的思想与战略贯彻到城市日常的计划和决策之中，加强经济、社会、资源与环境因素的综合决策，建立决策失误追究制度。凡是涉及资源与生态环境的经济项目，都应该估算该项目的碳排放量，实行碳排放量否决制度，对碳排放量过于巨大的项目，不予以批准。

2. 健全考核体系,加大生态环保绩效激励

通过市政府与各地签订碳减排目标责任书,推动各地各部门进一步把目标责任层层分解落实。改革绩效考核机制,建立健全新型的以绿色GDP为核心的政府绩效考核体系和逐步推行各县(市)、区和大型企业碳排放额度目标考核制度,将公众环境质量评价、空气环境质量变化、森林覆盖率、生态环境保护投资增长率、群众性环境诉求事件发生以及当地政府对各项环境保护法律法规的落实情况等指标纳入考核范围。同时,在政府官员的升迁奖惩时要将节能减排和环境保护绩效纳入考察指标,对绩效显著者予以相应奖励,对造成碳排放过量的,要追究其经济责任,直至追究法律责任。

3. 明确目标责任,强化行政问责制度

强化行政问责制,就要实行严格的环境目标责任制,并建立严格的环境保护问责制,把保护环境和治理污染的责任落实到各级政府,落实到主要领导人、分管领导人和部门负责人。通过节能减排目标责任制和问责追究制的落实,强化各级政府及官员的责任意识和大局意识,督促其充分重视低碳经济发展,提高政府在建设低碳城市发展方面的公信力。

参考文献

[1] 马克思.马克思恩格斯选集(第1、2、3、4卷)[M].北京:人民出版社,1995.

[2] 马克思.1844年经济学哲学手稿[M].北京:人民出版社,2000.

[3] 庄贵阳.低碳经济:气候变化背景下中国的发展之路[M].北京:气象出版社,2007.

[4] [德]马尔库塞.单向度的人[M].重庆:重庆出版社,1988.

[5] [德]康德.实践理性批判[M].北京:商务印书馆,1960.

[6] [美]赫尔曼·戴利.超越增长——可持续发展的经济学.储大建,等译[M].上海:上海译文出版社,2001.

[7] 迈克尔·波特.国家竞争优势[M].北京:华夏出版社,2002.

[8] 黄健康.产业集群论[M].南京:东南大学出版社,2005.

[9] 杨志,刘丹萍.低碳经济与经济社会发展[M].北京:中国人事出版社,2011.

[10] 陈晓春.低碳经济与公共政策研究[M].长沙:湖南大学出版社,2011.

[11] 何翔舟.政府经济管理学[M].杭州:浙江大学出版社,2009.

[12] 蔡林海.低碳经济绿色革命与全球创新竞争大格局[M].北京:经济科学出版社,2009.

[13] 张坤民,潘家华,等.低碳经济论[M].北京:中国环境科学出版

社,2008.
[14] 鲍健强,黄海风.循环经济概论[M].北京:科学出版社,2009.
[15] 爱德华·B.巴比尔.低碳革命:全球绿色新政[M].彭文兵,杨俊保译.上海:上海财经大学出版社,2011.
[16] 熊焰.低碳之路:重新定义世界和我们的生活[M].北京:中国经济出版社,2010.
[17] 樊纲.走向低碳发展:中国与世界——中国经济学家的建议[M].北京:中国经济出版社,2010.
[18] 陈军.低碳管理[M].北京:海洋出版社,2010.
[19] 王韬.中国的低碳经济未来[M].北京:中国环境科学出版社,2008.
[20] 世界环境与发展委员会.我们共同的未来[M].长春:吉林人民出版社,1997.
[21] 联合国环境与发展大会.21 世纪议程[M].北京:中国环境科学出版社,1993.
[22] 高风.低碳发展与中国自觉的追赶[M].北京:中国环境科学出版社,2008.
[23] 中国人民大学气候变化与低碳经济研究所.低碳经济:中国用行动告诉哥本哈根[M].北京:石油工业出版社,2010.
[24] 王明杰,章彤.低碳经济视角下政府管理创新的路径研究[J].湖湘论坛,2011(4).
[25] 郑振宇.论低碳经济时代的政府管理创新:基于"政治、经济敛合"的视角[J].未来与发展,2011(9).
[26] 李美旭.政府管理创新与低碳生活方式引导研究[J].辽宁师专学报,2011(2).
[27] 盛明科,朱青青.低碳经济发展背景下政府管理创新的必要性、内容与途径[J].当代经济管理,2011(7).
[28] 张素薇,王任朋,郭文飞,郑衡.低碳经济发展中的政府责任及其实现路径[J].安徽农业科学,2010(29).
[29] 梁琦.构建生态消费经济观[J].经济学家,1997(3).
[30] 王晨.低碳经济的内涵及理论基础浅析[J].时代金融,2010(6).
[31] 王锋,辛欣.中国能源消费与经济发展的"脱钩"研究[J].中国市场,

2010(13).
[32] 付允,刘怡君.低碳城市的评价方法与支撑体系研究[J].中国人口、资源与环境,2010(8).
[33] 孙耀武.培育我国低碳消费方式的思考[J].前沿,2011(10).
[34] 陈柳钦.低碳城市发展的国内外实践[J].价值中国,2010(8).
[35] 赵敏.低碳消费方式实现途径探讨[J].经济问题探索,2011(2).
[36] 于小强.低碳消费方式实现路径分析[J].消费经济,2010(4).
[37] 王利.低碳经济:未来中国可持续发展之基础[J].池州学院学报,2009(2).
[38] 朱晓雨,张瑞萍.从哥本哈根会议再看企业社会责任[J].才智,2010(11).
[39] 张锋.浅谈我国企业环境责任的政策法律制度设计问题[J].山东经济战略研究,2008(12).
[40] 叶晓丹.论循环经济条件下的企业环境责任[J].福州大学学报,2007(4).
[41] 金乐琴,刘瑞.低碳经济与中国经济发展模式转型[J].经济问题探索,2009(1).
[42] 夏堃堡.发展低碳经济　实现城市可持续发展[J]环境保护,2008(2).
[43] 龙惟定等.低碳城市的城市形态和能源愿景[J].建筑科学,2010(2).
[44] 王保忠,安树青等.美国绿色空间理论、实践及启示[J]人文地理,2005(5).
[45] 陈志恒.日本构建低碳社会行动及其主要进展[J].现代日本经济,2009(5).
[46] 邵冰.日本低碳经济发展战略及对我国的启示[J]北方经济(综合版),2010(7).
[47] 郑小鸣,谢晶莹.美、欧、日、印低碳经济发展策略探析[J].当代世界,2010(5).
[48] 任力.国外发展低碳经济的政策及启示[J].发展研究,2009(2).
[49] 冯奎.中国发展低碳产业集群的战略思考[J].对外经贸实务,2009

(10).
[50] 邬忠舫.在低碳经济模式下对我区产业集群发展的思考[J].宁波节能,2010(2).
[51] 宋周尧.马克思的环境伦理思想及其现实价值[J].山东理工大学学报(社会科学版),2010(4).
[52] 顾朝林.气候变化、碳排放与低碳城市规划研究进展[J].城市规划学刊,2009(3).
[53] 宋蕾,闫金明.环境伦理之争与我国环境法的伦理抉择[J].江汉论坛,2012(8).
[54] 马丽.过度消费抑或低碳生活:生态价值观的思考[J].广州大学学报(社会科学版),2010(6).
[55] 薛勇民,王继创.论低碳发展的生态价值意蕴[J].山西大学学报(哲学社会科学版),2012(2).
[56] 陈柳钦.低碳经济演进:国际动向与中国行动[J].经济发展,2010(4).
[57] 胡静锋.建设低碳经济的演化博弈分析——地方政府和企业双方互动角度[J].经济问题,2011(4).
[58] 宋德勇.低碳工业化的现实考察:权宜之计抑或治本之策[J].改革,2009(7).
[59] 赵贺春等.低碳生产的内涵及核心要素分析[J].中国集体经济,2012(6).
[60] 李学丽,金杉杉.生产伦理的理性分析[J].学习与探索,2004(4).
[61] 于丽英,冯之浚.城市循环经济评价指标体系的设计[J].中国软科学.2005(12).
[62] 辛玲.低碳城市评价指标体系的构建[J].统计与决策,2011(7).
[63] 秦红岭.环境伦理视野下低碳城市建设的路径探析[J].伦理学研究,2011(11).
[64] 张雨.宁波市发展低碳经济的几点建议[J].经济丛刊,2010(1).
[65] 魏水英.宁波市低碳经济发展的社会公众基础分析[J].浙江万里学院学报,2012(3).
[66] 庄贵阳.以低碳城市为主线,打造绿色中国[J].绿叶,2009(1).

[67] 辛章平,张银太.低碳社区及其实践[J].城市问题,2008(10).

[68] 杨国锐.低碳城市发展路径与制度创新[J].城市问题,2010(7).

[69] 庄贵阳.中国:以低碳经济应对气候变化挑战[J].环境经济,2007(1).

[70] 刘志林,戴亦欣,董长贵等.低碳城市理念与国际经验[J].城市发展研究,2009(6).

[71] 王玉芳.低碳城市评价体系研究[D].河北大学硕士学位论文,2010.

[72] 宁波:加快建设低碳城市[N].宁波日报,2012-07-10.

[73] 宁波市委关于加快发展生态文明建设美丽宁波的决定[N].宁波日报,2003-05-24.

[74] Markusen A. Sticky Places in Slippery Space:a Typology of Industrial Districts[J]. EconomicGeograPhy. 1996,3:293-313.

[75] Krugman P. Increasing returns and economic geography. Journal of Political Economy,99,1991:183-199.

[76] UNDP. Human DevelopmentReport 2003[R]. London: Oxford University Press. 2003.

[77] United Nations. Indicators of Sustainable Development Framework and Methodologies [R]. New York:United Nations,1996.

[78] Asset One Immobilienentwicklungs AG. Conceptions of the desirable: what cities ought to know about the future[M]. New York: Springer Wien,2007.

[79] Department of Trade and Industry. Our energy future—creating a low carbon economy [R]. Energy White Paper,2003.

[80] Stern N. Stern Review on the economics of climate change[M]. Cambridge:Cambridge University Press,2006.

索　　引

后　　记

在全球应对气候变化的背景下，城市作为碳排放最集中的地方，低碳城市的概念应运而生，成为应对全球气候变暖的重要阵地。2008年年初，保定在国内首个被冠以“低碳城市”的称谓，“低碳城市”这4个字在中国远比全球变暖升温更快，到2012年年底国内有200多个地级以上城市提出建设低碳城市的目标，低碳城市建设在全国已经蔚然成风。尽管各地低碳城市建设正如火如荼地进行，但国家发展和改革委员会能源研究所研究员姜克隽表示：“我国并没有一个真正意义上的低碳城市。”在我国目前的城市里，真正的“低碳”设施不多，打着“低碳环保”的口号，干着破坏环境的事情也屡见不鲜。在这么短的时间内，就从高碳模式转变为低碳模式，任何一个城市都是不能办到的。

创建“低碳城市”，固然离不开政策的引导、资金的保障、技术的支撑、法律的监督。但如果没有低碳道德的内生驱动，所有这些外部措施都会大打折扣，仅仅依赖于行政命令，是不可能完成减排指标的。“低碳”不是喊喊口号就能实现的，“低碳”还必须有市民的参与和支持。只有低碳道德深入人心，绿色出行、节俭消费等低碳生活才能成为人们的自觉选择；只有市民普遍接受低碳概念，发自内心地享受低碳生活，才能真正打造出“低碳城市”。

2012年11月26日，根据国家发展和改革委员会《关于开展第二批国家低碳省区和低碳城市试点工作的通知》，宁波市正式列入国家第二批低碳试点。作为一个比较发达的沿海港口城市，进入新世纪以来，宁波坚持以科学发展观为指导，积极推进国家级生态市、国家环保模范城市和国家园林城市创建，在产业结构调整、循环经济发展、节能减排和生态城市建设等诸多方面取得了可喜的成绩，生态文明建设取得明显成效，为建设低碳城市打下了坚实的基础。但同时，我们也要清醒地看到，宁波产业发展与环境容量不协调，能源、资源和环境的制约日益凸显，经济、社会、生态的协调和可持续发展面临考验。以此为契机，围绕低碳产业、低碳能源、能效提升、碳汇水平、支撑能力建设等重点领域，创新体制机制，强化保障措施，努力探索低碳发展新模式，建设具有宁波特色的低碳发展体系，破解资源环境约束、加快转型升级、拓展发展新空间和推进生态文明建设，促进全市经济社会的可持续发展。

低碳城市建设固然依赖低碳技术的发明和应用，也需要伦理观念的启蒙和引导。《伦理视角下的低碳城市及其建设路径研究——以宁波为例》是宁波市与中国社会科学院战略合作项目，本课题研究从伦理学的视角探讨了低碳城市如何可能，低碳伦理的理论蕴涵与当代价值，并从政府的管理伦理、企业的生产伦理、居民消费伦理三个维度展开对宁波建设低碳城市伦理路径的探讨，旨在为宁波低碳城市建设规划编制、建立低碳产业体系、倡导低碳绿色生活方式和消费模式等奠定价值基础，从而使低碳城市建设取得实效，加快形成绿色低碳发展的新格局。

本课题研究和书稿写作工作，得到了宁波市政府与中国社会科学院战略合作共建研究中心港口城市发展与环境研究中心主任郭华巍、首席专家陈洪波老师的关心、支持和指导。宁波市发改委、环保局等职能部门为课题组提供了大量有关宁波低碳城市建设、大气污染的数据和资料。在此一并表示感谢！本书写作过程中，大量借鉴了已有的低碳城市、低碳社会建设的研究成果，多数在文中做了注释，在此也表示感谢！作者受研究水平的限制，书中疏漏和不当之处在所难免，请广大读者批评指正。

本书具体写作分工：王志新：第一章、第二章；郑娟：第三章、第四章；朱雪芬：第五章；周琳琅：第六章。

作　者

2013 年 6 月

图书在版编目(CIP)数据

伦理视角下的低碳城市及其建设路径研究:以宁波为例 / 王志新等著. —杭州:浙江大学出版社,2014.1
ISBN 978-7-308-12327-3

Ⅰ.①伦… Ⅱ.①王… Ⅲ.①生态城市—城市建设—研究—宁波市 Ⅳ.①X321.255.3

中国版本图书馆 CIP 数据核字(2013)第 235829 号

伦理视角下的低碳城市及其建设路径研究——以宁波为例
王志新 郑 娟 等著

责任编辑 吴伟伟 weiweiwu@zju.edu.cn
文字编辑 何 瑜
封面设计 十木米
出版发行 浙江大学出版社
(杭州市天目山路 148 号 邮政编码 310007)
(网址:http://www.zjupress.com)
排 版 浙江时代出版服务有限公司
印 刷 杭州日报报业集团盛元印务有限公司
开 本 710mm×1000mm 1/16
印 张 12.75
字 数 203 千
版 印 次 2014 年 1 月第 1 版 2014 年 1 月第 1 次印刷
书 号 ISBN 978-7-308-12327-3
定 价 38.00 元